3D-Druck beleuchtet

Roland Lachmayer · Rene Bastian Lippert
Thomas Fahlbusch
Herausgeber

3D-Druck beleuchtet

Additive Manufacturing auf dem Weg
in die Anwendung

Herausgeber
Roland Lachmayer
Institut f. Produktentwicklung und
Gerätebau
Leibniz Universität Hannover
Hannover, Deutschland

Rene Bastian Lippert
Institut f. Produktentwicklung und
Gerätebau
Leibniz Universität Hannover
Hannover, Deutschland

Thomas Fahlbusch
PhotonicNet GmbH
Hannover, Deutschland

ISBN 978-3-662-49055-6   ISBN 978-3-662-49056-3 (eBook)
DOI 10.1007/978-3-662-49056-3

Die Deutsche Nationalbibliothek verzeichnet diese Publikation in der Deutschen Nationalbibliografie;
detaillierte bibliografische Daten sind im Internet über http://dnb.d-nb.de abrufbar.

Springer Vieweg
© Springer-Verlag Berlin Heidelberg 2016

Gedruckt auf säurefreiem und chlorfrei gebleichtem Papier

Springer Vieweg ist Teil von Springer Nature
Die eingetragene Gesellschaft ist Springer-Verlag GmbH Berlin Heidelberg

Vorwort

Das vorliegende Buch entstammt der Veranstaltung *3D-Druck beleuchtet*, welche im Juni 2015 am Institut für Produktentwicklung und Gerätebau (IPeG) in Hannover durchgeführt wurde. Aufgrund der zahlreichen interessanten Vorträge sowie der positiven Resonanz auf die Veranstaltung haben wir uns dazu entschlossen die Veranstaltungsbeiträge zu ergänzen und schriftlich aufzubereiten. Im Folgenden wird das Additive Manufacturing unter den folgenden Aspekten beleuchtet:

- Megatrend 3D-Druck
- Chancen und Herausforderungen für die Produktentwicklung
- Laserbasierte Technologien
- Nachhaltigkeit und Business-Case
- Gestaltung von Bauteilen
- Rapid Repair
- Potential der Produktindividualisierung
- Eigenschaften und Validierung optischer Komponenten
- Potentiale im Produktdesign
- Sicherheitsaspekte

Neben den unterschiedlich thematisierten Beiträgen ist ein umfangreiches Glossar und Literaturverzeichnis dem Anhang beigefügt. Entsprechend der hohen Entwicklungsdynamik ist das vorliegende Buch weniger als Lehrbuch zu verstehen, sondern vielmehr als eine stetig wachsende Zusammenstellung unterschiedlicher Sichtweisen und Aspekte des Additive Manufacturing. Alle Autoren sind ausgewiesene Experten unterschiedlicher Forschungseinrichtungen der Leibniz Universität Hannover bzw. des Laserzentrums Hannover.

Wir danken der DFG für das bewilligte Großgerät, welches die zahlreichen Versuche ermöglicht hat, sowie dem Land Niedersachsen für die bereitgestellten finanziellen Mittel.

Wir, die Herausgeber, wünschen Ihnen viel Interessantes bei der Lektüre und Nützliches für Ihre Anwendung des Additive Manufacturing.

Hannover, November 2015   Roland Lachmayer
                                                                      Rene Bastian Lippert
                                                                       Thomas Fahlbusch

Inhalt

Einleitung

Roland Lachmayer und Rene Bastian Lippert

Seit Chuck Hull 1986 mit der *Stereolithografie* die erste 3D-Druck Technologie zum Patent anmeldete, entwickelte sich eine ganze Bandbreite von Anwendungsbereichen, welche sich unter dem Begriff des *Additive Manufacturing* zusammenfassen lassen. Bedingt durch die Vorteile gegenüber konventioneller Verfahren, wie beispielsweise der werkzeuglosen Formgebung oder der Möglichkeit zur Herstellung nahezu beliebiger Bauteilgeometrien, etablieren sich diese Verfahren in immer mehr Branchen. Neben der Heimanwendung kleiner Maschinen durch den Endkunden ist besonders in der industriellen Anwendung des Additive Manufacturing ein beachtlicher Entwicklungsfortschritt deutlich. So haben sich in jüngster Zeit die Baugeschwindigkeit, die Zuverlässigkeit und Genauigkeit, die Fertigungsqualität und die Anschaffungskosten von Additive Manufacturing Anlagen erheblich verbessert.

1.1 Megatrend 3D-Druck

Das *Additive Manufacturing* (*AM*), als Überbegriff für das *Rapid Prototyping* (*RP*), das *Rapid Tooling* (*RT*), das *Direct Manufacturing* (*DM*) und das *Rapid Repair* (*RR*) basiert auf dem Prinzip des additiven Schichtaufbaus in x-, y- und z-Richtung zur maschinellen Herstellung einer (Near-) Net-Shape Geometrie [1]. Wie in Abb. 1.1 erkenntlich, lassen sich die verschiedenen Bereiche des AM in einen Endkundenbereich und einen professionellen Bereich unterscheiden.

Der *Endkundenbereich* umfasst zum einen die *Do-It-Yourself* (*DIY*) Anwendung, worunter man die Verwendung des AM durch den Endkunden versteht. Durch den Erwerb

R. Lachmayer (✉) • R.B. Lippert
Institut für Produktentwicklung und Gerätebau (IPeG), Hannover, Deutschland
E-Mail: lachmayer@ipeg.uni-hannover.de; lippert@ipeg.uni-hannover.de

© Springer-Verlag Berlin Heidelberg 2016
R. Lachmayer et al. (Hrsg.), *3D-Druck beleuchtet*,
DOI 10.1007/978-3-662-49056-3_1

Abb. 1.1 Anwendungsbereiche des Additive Manufacturing

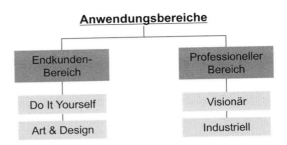

oder den Aufbau eines „3D-Druckers" gelangt der Endkunde zunehmend in die Rolle des Produzenten. Im Rahmen einer Open-Source Bewegung erfolgt der Wissensaustausch unter Verwendung von beispielsweise Web-Foren oder Wiki-Systemen. Zum anderen gliedert sich die Anwendung des *Art & Design* in den Endkundenbereich ein. Durch den additiven Schichtaufbau können Modelle schnell und einfach gefertigt werden. Dabei erfolgt die Substitution von zeitaufwendiger Handarbeit, sodass organische Formen günstig hergestellt werden können. Die Anwendungen reichen dabei vom Modellbau, über die Personalisierung von Accessoires bis hin zum Produktdesign (Interieur Design, Instrumente, Kunst, etc.).

Dem gegenüber steht der *professionelle Bereich*. Dieser wiederum enthält zum einen die *industrielle Anwendung*. Hierunter versteht man die Herstellung von Komponenten, welche die Produktentwicklung unterstützen, sowie den Aufbau von Bauteilen, welche später als Produkt verwendet oder mit anderen Komponenten zu einer Baugruppe assembliert werden. Der industrielle Anwendungsbereich beschreibt ein großes Spektrum verschiedener Domänen, wie beispielsweise die Luft- und Raumfahrt, die Automobilbranche, den Anlagenbau oder die Medizintechnik. Andererseits enthält der professionelle Bereich *visionäre Anwendungsgebiete*, welche unter Verwendung des additiven Schichtaufbaus innovative Felder eröffnen. Beispielsweise werden im Nahrungsmittelbereich Mahlzeiten für die Raumfahrt additiv hergestellt. Durch das Verkleben von pulverisierten Komponenten, wie z. B. Zucker oder Kohlenhydraten, können so individualisierte „Menüs" generiert werden. Ein weiterer innovativer Anwendungsbereich ist der Aufbau von menschlichen Organen. Durch den „Druck" von organischen Zellen auf Gewebestrukturen, sollen patientenspezifische Organe hergestellt werden. Abstoßvorgänge und Unverträglichkeiten im Körper entfallen.

Eine maßgebliche Herausforderung für die erfolgreiche Etablierung des AM in den verschiedenen Anwendungsbereichen ist das Erlangen einer technologischen Reife zur Reproduzierbarkeit und Stabilität des Prozesses. Für die Identifizierung des Reifegrades einer AM Technologie beschreibt das US-Markforschungsunternehmen Gartner den *Hype Cycle*, welcher die Erwartungen an eine Technologie durch einen zeitlichen Verlauf beschreibt. Wie in Abb. 1.2 dargestellt, werden 5 Phasen definiert, welche jede Technologie zum Erlangen der Marktreife durchläuft.

Die erste Phase, der sogenannte Innovationsauslöser, steigert die Erwartungen an eine Technologie. Der Höhepunkt der Erwartungen mündet in der zweiten Phase. Darauf folgt

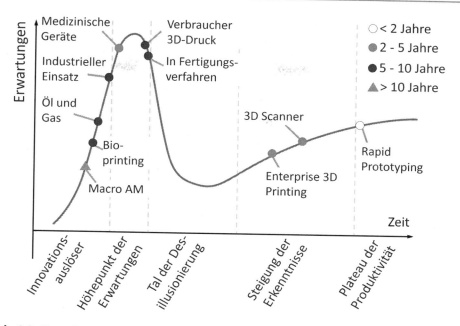

Abb. 1.2 Hype Cycle der anstrebenden Additive Manufacturing Technologien [2]

ein Abklingen der Erwartungen, im sogenannten Tal der Desillusionierung. In der vierten Phase, der Steigung der Erkenntnisse, sind die tatsächlichen Einsatzmöglichkeiten bekannt und die Erwartungen an eine Technologie können umgesetzt werden. Nach Durchlaufen dieser Phasen erlangt eine Technologie das Plateau der Produktivität, also der Markreife [2]. Als weitere Variable führt Gartner eine zeitliche Abhängigkeit für jede Technologie ein. So können diese den Hype Cycle innerhalb unterschiedlicher Zeitintervalle durchlaufen. Beispielsweise ist das RP bereits auf dem Plateau der Produktivität angesiedelt. Eine totale Durchdringung zur Markreife wird in weniger als zwei Jahren erwartet. Hingegen wird das DM, welches den direkten Einsatz eines additiv gefertigten Bauteils in einem Endprodukt beschreibt, derzeit auf dem Höhepunkt der Erwartungen eingeordnet [2].

Literatur

1. Verein Deutscher Ingenieure e.V., Fachbereich Produktionstechnik und Fertigungsverfahren (2014) Additive Fertigungsverfahren. Statusreport.www.vdi.de/statusadditiv.
2. US Marktforschungsunternehmen Gartner (2014) Gartner's 2014 Hype cycle for emerging technologies maps the journey to digital business. www.gartner.com.

Chancen und Herausforderungen für die Produktentwicklung

2

Roland Lachmayer und Rene Bastian Lippert

Verglichen mit konventionellen Verfahren ist das Additive Manufacturing eine relativ junge Technologie. Bedingt durch die Möglichkeiten, welche aufgrund des werkzeuglosen Schichtaufbaus möglich sind, erlang das Additive Manufacturing in jüngster Zeit eine zunehmende Verbreitung. Bereits in den 1980er-Jahren wurde das Additive Manufacturing als industrielle Technologie zur Herstellung von Musterbauteilen und Prototypen eingesetzt. Seitdem ist die Technologie weit vorangeschritten. So werden neben additiv gefertigten Werkzeugen bereits partiell Additive Manufacturing Bauteile direkt in Baugruppen montiert und so in der Praxis angewandt.

Durch die stetige Verbesserung der Additive Manufacturing Technologien, beispielsweise hinsichtlich einer höheren Baugeschwindigkeit, der verbesserten Zuverlässigkeit und Fertigungsqualität oder der Erhöhung der Genauigkeit, erfolgt eine zunehmende Etablierung in den verschiedensten Anwendungsgebieten. Neben der Verwendung im Endkundenbereich, unter Verwendung günstiger Maschinen, etablieren sich Additive Manufacturing Verfahren besonders im industriellen Kontext. Durch die Verarbeitung unterschiedlicher Materialien können viele Einsatzmöglichkeiten adressiert werden.

Zur Abschätzung der Chancen und Herausforderungen für das Additive Manufacturing in der Produktentwicklung, fokussieren sich die folgenden Untersuchungen auf den industriellen Anwendungsbereich. Nach der Betrachtung grundsätzlicher Einsatzmöglichkeiten im Produktentstehungsprozess werden unterschiedliche Additive Manufacturing Technologien untersucht, strukturiert dargestellt und deren Potenzial zur Eingliederung in die Produktentwicklung betrachtet. Anhand eines generalisierten Additive Manufacturing Prozesses werden unterschiedliche Demonstratorbauteile den verschiedenen Technologien zugeordnet.

R. Lachmayer (✉) • R.B. Lippert
Institut für Produktentwicklung und Gerätebau (IPeG), Hannover, Deutschland
E-Mail: lachmayer@ipeg.uni-hannover.de; lippert@ipeg.uni-hannover.de

© Springer-Verlag Berlin Heidelberg 2016
R. Lachmayer et al. (Hrsg.), *3D-Druck beleuchtet*,
DOI 10.1007/978-3-662-49056-3_2

2.1   Stand der Technik

Das *Additive Manufacturing* (*AM*), als Überbegriff für eine Bandbreite von Technologien und Einsatzgebieten, definiert sich durch einen additiven Schichtaufbau. Dabei werden in x- und y-Richtung einzelne Schichten maschinell generiert und diese unter Verwendung einer z-Achse in der dritten Dimension miteinander verbunden [1]. Als Resultat entsteht eine (Near-) Net-Shape Geometrie, welche möglichst eine Fertigteilqualität aufweist [1].

Die Erwartungen an das AM im industriellen Umfeld sind vielschichtig. Als Herausforderung für die Produktentwicklung gilt es, diese in einen tatsächlichen Nutzen zu überführen. Abbildung 2.1 stellt einige Erwartungen dar, welche mit dem AM assoziiert werden. Von besonderer Relevanz sind dabei die geometrische Freiheit zur Fertigung beliebiger Freiformflächen oder Hohlräumen, die hohe Funktionsintegration sowie die Möglichkeit zur Produktindividualisierung [2, 3].

Zur Erfüllung dieser Erwartungen stehen vier grundlegende Ausprägungen des AM zur Verfügung: Das *Rapid Prototyping*, *Rapid Tooling*, *Direct Manufacturing* sowie das *Rapid Repair*. Dabei beinhaltet das Rapid Prototyping die „*Additive Herstellung von Bauteilen mit eingeschränkter Funktionalität, bei denen jedoch spezifische Merkmale ausreichend gut ausgeprägt sind*" [4]. Das Rapid Tooling ist die „*Anwendung der additiven Methoden und Verfahren auf den Bau von Endprodukten, die als Werkzeuge, Formen oder Formeinsätzen verwendet werden*" [4]. Unter Direct Manufacturing versteht man die „*Additive Herstellung von Endprodukten*" [4]. Das Rapid Repair beschreibt den materialauftragenden Prozess zur Reparatur verschlissener Komponenten.

Diese vier Ausprägungen des AM können in verschiedenen Phasen des Produktentstehungsprozesses angewandt werden. Wie in Abb. 2.2 visualisiert, wird das *Rapid Prototyping* (*RP*) vermehrt in frühen Entwicklungsphasen eingesetzt. Durch die Herstellung

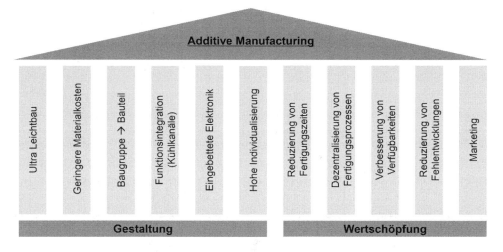

Abb. 2.1 Erwartungen an das Additive Manufacturing

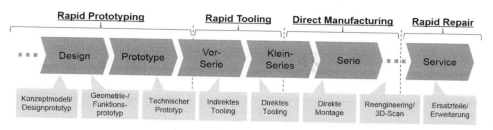

Abb. 2.2 Additive Manufacturing im Produktentstehungsprozess

von Konzeptmodellen, Designprototypen, Geometrie- und Funktionsprototypen sowie technischen Prototypen, können physische Modelle frühzeitig entwicklungsrelevante Erkenntnisse liefern. Besonders die fortgeschrittenen Prototypen bilden dabei Teile der Eigenschaften von Serienteilen ab [1, 5].

Das *Rapid Tooling* (*RT*), zur Herstellung von Werkzeugen, dient meist der Konfektionierung einer Serienproduktion. Hierbei kommen sowohl das indirekte Tooling, zur Herstellung von verlorenen Modellen, sowie das direkte Tooling, zur Herstellung von Werkzeugformen, zum Einsatz. Gegenüber konventioneller Fertigungsverfahren entsteht die Möglichkeit zur Herstellung von Werkzeugeinlagen mit effektiver hochintegrierter Kühlung [1, 5].

Das *Direct Manufacturing* (*DM*) wird für die Fertigung von Bauteilen, beispielsweise in Kleinserien, mit Fertigteilqualität eingesetzt. Durch die Herstellung der (Near-) Net-Shape Geometrie können die Bauteile direkt montiert bzw. verwendet werden. Die Reduzierung des Nachbearbeitungsaufwandes ist dabei meist eine Herausforderung. Beim DM gibt es einige Einflussfaktoren, wie beispielsweise die Stückkosten oder Losgrößen, die über einen sinnvollen Einsatz des AM im Vergleich zu konventionellen Verfahren entscheidet [1, 5].

Das *Rapid Repair* (*RR*) dient der Instandhaltung und Reparatur von verschlissenen Produkten. Dabei ist ein Einsatz besonders bei komplexen und teuren Bauteilen wirtschaftlich. Eingeordnet wird das RR während der Anwendung eines Produktes, also nach der eigentlichen Produktentwicklung. Als Service-Leistung können Komponenten flexibel, ohne Lieferzeiten oder Lagerhaltung, instandgesetzt werden.

2.2 Einordnung der Verfahren

Die vier Ausprägungen des AM bedienen sich verschiedener Technologien. Diese basieren auf einem gemeinsamen Funktionsprinzip, unterscheiden sich jedoch hinsichtlich der Ausprägung ihrer Merkmale. Ein Auszug verschiedener Verfahren stellt die VDI 3405 dar, in welcher die Verfahren im Prozess beschrieben und durch Eigenschaften definiert werden [4]. Eine weitere Übersicht verschiedener AM Technologien beschreibt Gebhardt indem zusätzlich typische Bauformen und Parameter spezifiziert werden [1].

Wie in Abb. 2.3 dargestellt ist, können die verschiedenen AM Technologien in einem Konstruktionskatalog strukturiert dargestellt werden [6]. In einem Gliederungsteil, welcher aus drei Ebenen besteht, werden die Technologien gegliedert. In der ersten Gliederungsebene wird der Aggregatzustand der zu verarbeiteten Materialien, welcher flüssig oder fest sein kann, unterschieden. Die zweite Gliederungsebene beschreibt die Form des Materials. Liegt beispielsweise ein fester Aggregatzustand vor, kann das Ausgangsmaterial in Folien-, Strang- oder Pulverform vorliegen. Die dritte Gliederungsebene beschreibt den Bindemechanismus, welcher für die Formgebung verwendet wird. Liegt beispielsweise das Ausgangsmaterial in Pulverform vor, kann der Bindemechanismus auf dem Verkleben oder dem Verschmelzen der Pulverpartikel basieren.

Neben dem Hauptteil des Konstruktionskataloges, welcher die Bezeichnungen der AM Technologien aufführt, beschreibt der Zugriffsteil verschiedene Merkmale zur Differenzierung der Technologien aus Anwendersicht. Abbildung 2.3 zeigt exemplarisch die Merkmale Material, Schichtdicke, die Notwendigkeit zur Verwendung von Stützstrukturen, den maximale Bauraum, die Schichtaufbaurate sowie den Einsatz in den unterschiedlichen Phasen des Produktentstehungsprozesses.

Zur Veranschaulichung wird exemplarisch das *Selektive Laserstrahlschmelzen* (*SLM*) weiter beschrieben. Hierbei wird ein pulverförmiges Ausgangsmaterial (fester Aggregatzustand) verwendet, welches durch Aufschmelzen in die einzelnen Schichten gebracht wird. Das SLM Verfahren wird zur Verarbeitung von Metallen verwendet.

Gliederungsteil			Hauptteil	Zugriffsteil						
Aggregats-zustand	Form	Bindunge-mechanismus	Bezeichnung	Kunststoff	Metall	Schicht-dicke [µm]	Stützstruk.	Einsatz	Baugeschw. [mm/h]	Bauraum b x h x t [mm]
Fest	Pulver	Verschmelzen	Laser-Sintern	X		< 10		RP, RT, DM	10 - 35	550 x 550 x 750
			Laser-Strahlschmelzen		X	10-100	X	RP, RT, DM	7 - 35	500 x 280 x 325
			Elektronen-Strahlschmelzen		X	10-100	X	RP, DM	0,5 - 80	200 x 200 x 380
			Laser-Pulver-Auftragsschweißen		X			RR		
		Binder	3-D Drucken	X	X	> 100		RP,RT	Bauteil-abhängig	780 x 400 x 400
	Strang	Verschmelzen	Fused Layer Modeling/ Manufacturing	X		10-100	X	RP	Bauteil-abhängig	914 x 610 x 914
			Multi-Jet Modelling	X		10-100	X	RP, RT, DM	Bauteil-abhängig	550 x 393 x 300
	Folie	Verkleben	Layer Laminated Manufacturing	X	X	10-100	X	RP	2 - 12	813 x 559 x 508
Flüssig	Liquid	UV	Stereolithografie	X		< 10	X	RP, RT		1500 x 750 x 550
			Poly-Jet Modeling	X		10-100	X	RP	8 - 12	500 x 400 x 200
			Digital Light Processing	X		10-100	X	RP, RT, DM	5 - 40	445 x 356 x 500

Abb. 2.3 Konstruktionskatalog der Additive Manufacturing Technologien (Auszug)

Bei einer durchschnittlichen Schichtdicke von 10 bis 100 µm können Stahl sowie Aluminium, Titan oder Nickellegierungen verarbeitet werden. Dabei werden Stützstrukturen eingesetzt, um einerseits das Bauteil im Prozess zu stabilisieren und andererseits Wärme aus dem Bauteil abzuführen, und so innere Spannungen zu reduzieren. Angewandt wird das SLM Verfahren in verschiedenen Phasen der Produktentstehung. Neben dem RP und dem RT setzt sich eine Anwendung vermehrt auch für das DM durch.

Ein weiteres Beispiel ist die Stereolithografie, welche als ältestes Verfahren den Grundstein des AM legte. Mit einem Laser wird ein lichtaushärtender Kunststoff, meist in Form eines Kunstharzes, in einem Bad aus Basismonomeren selektiv ausgehärtet. Die Stereolithografie ist ein sehr präzises Verfahren, bei welchem eine Schichtdicke von weniger als 10 µm realisiert werden kann. Die hergestellten Komponenten eignen sich für verlorene Formen, welche im (Fein-) Guss eingesetzt werden, oder für den Bau von Mustern und Prototypen.

2.3 Vorgehensmodell für das Additive Manufacturing

Zur Anwendung der in Abb. 2.3 aufgeführten AM Technologien in der Produktentwicklung wird ein allgemeingültiges Vorgehensmodell definiert. Neben dem eigentlichen Bauprozess berücksichtigt dieses als elementare Bestandteile eine Vor- und Nachbereitungsphase. Abbildung 2.4 zeigt ein Vorgehensmodell zur Fertigung mit Hilfe des AM, welches die Überführung einer CAD-Geometrie in das fertige Bauteil beschreibt. Das Vorgehensmodell gliedert sich grundlegend in die vier Phasen des Pre-Prozesses, In-Prozesses und Post-Prozesses sowie der Applikation.

Der Pre-Prozess, welcher in Abb. 2.5 schematisch dargestellt ist, beinhaltet die Konfektionierung des digitalen Modells. Input ist eine CAD-Geometrie, welche als geschlossener Volumenkörper vorliegen muss. Flächenmodelle oder lückenhafte Volumenkörper können im späteren Herstellungsprozess nicht verarbeitet werden. In einem nächsten Schritt muss aus der CAD-Geometrie ein neutrales Datenformat generiert werden. Als (Quasi-) Standardschnittstelle wird hierfür fast ausschließlich die Standard triangulation

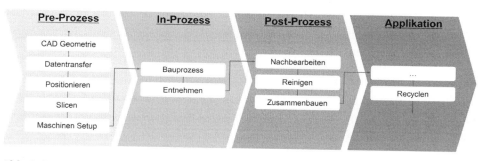

Abb. 2.4 Vorgehensmodell Zur Fertigung im Additive Manufacturing

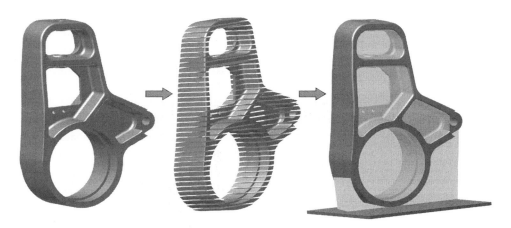

Abb. 2.5 Vorgehensmodell Zur Fertigung im Additive Manufacturing – Der Pre-Prozess

language (*.stl) verwendet, welche die Oberfläche von dreidimensionalen Körpern mit Hilfe von Dreiecksfacetten beschreibt.

Die exportierte Datei wird in einem nächsten Schritt an die AM Software, wie beispielsweise Magics vom Anbieter Materialise, übermittelt. Es folgt die Bauteilorientierung, -positionierung und -anordnung im Bauraum, sowie das Slicen des Modells. Dabei wird die dreidimensionale Geometrie in einzelne Schichten zerlegt, welche im späteren Fertigungsprozess die Schichtdicke abbilden. Stützstrukturen, welche bei einigen AM Technologien benötigt werden, werden anschließend berechnet und im Bau-Job eingefügt.

Als abschließender Schritt des Pre-Prozesses folgt das Maschinen-Setup. Hierunter fallen die Einstellung der Parameter, sowie die Kalkulation von fehlenden Werten durch die Software. Im Interface der Maschine können die Lasergeschwindigkeit und -intensität, die Vorheiztemperatur oder die Grundwärme der Bauplattform eingestellt werden. Basierend auf den getätigten Einstellungen ergeben sich die Dichte, Oberflächengenauigkeit oder die Kantenschärfe, welche durch die Software berechnet werden.

Die zweite Phase ist der In-Prozess, welcher schematisch in Abb. 2.6 am Beispiel des Selektiven Laserstrahlschmelzens dargestellt ist. Dieser beschreibt als Kernelement die physikalische Fertigung des Bauteils, sowie alle notwendigen Arbeitsschritte zur Vorbereitung der Maschine. Eingangsgröße sind die berechneten Bauteilschichten (das geslicte Modell) sowie die definierten Maschinenparameter. Im Bauprozess wird das Bauteil schichtweise aufgebaut. In x- und y-Richtung wird eine Schicht aufgebracht und ausgehärtet. Anschließend wird das Bauteil oder der Druckkopf in z-Richtung verfahren, sodass eine weitere Schicht auf das ausgehärtete Modell aufgebracht werden kann. Die Funktionsweise des Bauprozesses ist stark von der gewählten AM Technologie abhängig, da diese auf unterschiedlichen Wirkprinzipien basieren. So kann beispielsweise eine vorge-

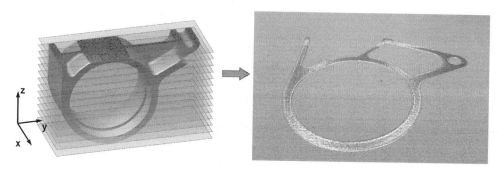

Abb. 2.6 Vorgehensmodell Zur Fertigung im Additive Manufacturing – Der In-Prozess

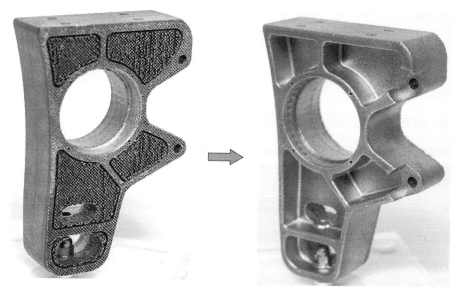

Abb. 2.7 Vorgehensmodell Zur Fertigung im Additive Manufacturing – Der Post-Prozess

lagerte Vorheizphase, das Einstellen einer Atmosphäre (z. B. Schutzgas) oder eine nach-gelagerte Aushärtungsphase notwendig sein.

Die Dauer des Bauprozesses ist neben der Beeinflussung durch die Bauteilgeometrie stark durch die Genauigkeit der AM Technologie vorgegeben. Abschließend wird im In-Prozess das Bauteil aus der Prozesskammer entnommen, sowie diese für den nächsten Bauprozess präpariert.

Im Post-Prozess erfolgt die Fertigstellung des Bauteils. Am Beispiel des SLM werden in Abb. 2.7 exemplarische Zwischenschritte dargestellt. Eingangs wird dazu das Bauteil gereinigt. Einerseits wird dabei überschüssiges Material entfernt und, wenn möglich, in den Bauprozess zurückgeführt. Andererseits werden mögliche Stützstrukturen vom Bauteil entfernt und entsorgt. Auch hierbei ist die Existenz von etwaigen Stützstrukturen durch die Bauteilgeometrie und durch die verwendete Technologie bestimmt. In einem Nachbearbeitungsprozess erfolgt die mechanische Aufbereitung von relevanten Flächen, welche im Bauteil eine Funktion erfüllen müssen. Abhängig von der gewählten AM Technologie muss weiterhin das Bauteil thermisch nachbearbeitet werden, um innere Spannungen zu minimieren und das Material zu homogenisieren. Der abschließende Schritt im Post-Prozess ist die Konfektionierung des Bauteils für weitere Verwendung, indem dieses montiert oder mit weiteren Bauteilen assembliert wird.

Als letzte Phase erfolgt die Applikation, in welcher das Bauteil oder die vormontierte Baugruppe eingesetzt wird. Nach der Nutzungsphase, gegebenenfalls Instandsetzungen oder Reparaturarbeiten erfolgt die Demontage bzw. das Recycling.

2.4   Ergebnisse

Zur Einbindung der in Abschn. 2.2 gezeigten AM Technologien in den Produktentstehungsprozess kann das in Abschn. 2.3 gezeigte Vorgehensmodell angewandt werden. Anhand ausgewählter Demonstratoren werden die Chancen zur Einbindung des AM in der Produktentwicklung beschrieben.

Der erste Demonstrator ist in der frühen Phase des Design Prozesses im Produktentstehungsprozess eingegliedert. Wie in Abb. 2.8 dargestellt, wird als Konzeptmodell ein Verbrennungsmotor untersucht. Die übergeordnete Ausprägung ist hierbei das RP. Ein Konzeptmodell dient zur frühstmöglichen physischen Realisierung eines Produktkonzepts oder -designs. Dabei weichen die Eigenschaften des Modells von denen des Endproduktes ab. Materialien, Funktionen und Maße entsprechend meist nicht den Produktanforderungen. Vielmehr ist es das Ziel, Proportionen abzuschätzen und einen ersten ästhetischen Eindruck zu erlangen. Der dargestellte Demonstrator ist durch das Fused Deposition Modeling hergestellt. Durch das Montieren mehrerer Einzelteile kann die Baugruppe assembliert werden. Der dargestellte Demonstrator dient zur Veranschaulichung des Funktionsprinzips und zur Validierung der Einbaumaße im späteren Bauraum.

Der zweite Demonstrator ist am Ende des Designprozesses, innerhalb des RP, im Produktentstehungsprozess eingeordnet. Abbildung 2.9 stellt als Geometrieprototyp einen Kfz-Schlüssel dar. Ein Geometrieprototyp dient zur Validierung von Maß, Form und Lage. Produktanforderungen wie beispielsweise Materialien sind nur von sekundärer Bedeutung. Proportionen von Geometrien sowie Untersuchungen zum Einbau stehen im Fokus. Der in Abb. 2.9 dargestellte Demonstrator wurde im Selektiven Lasersinter hergestellt und in weiteren Bearbeitungsschritten aufbereitet. Dabei wurde das Modell geschliffen, grundiert sowie lackiert. Dadurch erlangt der Prototyp eine optische Wertigkeit, ohne die Materialien des Serienbauteils einzusetzen. Das physische Modell des Kfz-Schlüssels dient der Validierung äußerer Geometrien und ergonomischen Proportionen. Das AM eröffnet dabei gänzlich neue Möglichkeiten, da Fertigungszeiten maßgeb-

Abb. 2.8 Konzeptmodell am Demonstrator eines Verbrennungsmotors

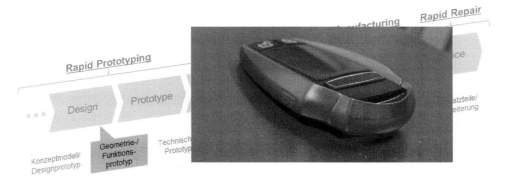

Abb. 2.9 Geometrieprototyp am Demonstrator eines Kfz-Schlüssels

lich reduziert und komplexe Geometrien einfach hergestellt werden können. Außerdem dient Das Modell als Package-Modell, sodass innere Komponenten platziert werden können.

Als weiterer Demonstrator wird ein technischer Prototyp untersucht. Diese Kategorie gliedert sich im Produktentstehungsprozess in die Prototyp- Phase ein, welche ebenfalls unter dem RP eingeordnet ist. Wie in Abb. 2.10 dargestellt, wird als Demonstrator ein Inspektionsroboter betrachtet, welcher zum Detektieren von Schäden an Rotorblättern von Windkraftanlagen eingesetzt wird. Im Vergleich zum Funktionsprototyp, welcher zur Überprüfung von Teilfunktionen eingesetzt wird und in der Form und Gestalt vom späteren Produkt abweicht, dient ein technischer Prototyp zur Vorbereitung einer Kleinserie. Dabei bildet ein technischer Prototyp zunächst einige der Produktanforderungen ab. Allerdings wird der Aufbau eines technischen Prototyps anders realisiert, als das spätere Serienprodukt. Neben Zukaufteilen, wie zum Beispiel Kameras zur optischen Vermessung oder der Antriebseinheit, wurde der dargestellte Prototyp unter Verwendung der Fused Deposition Modeling Technologie aufgebaut. Durch die Verwendung unter-

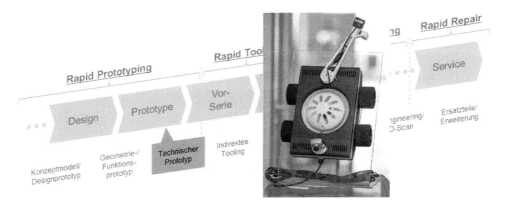

Abb. 2.10 Technischer Prototyp am Demonstrator eines Inspektionsroboters

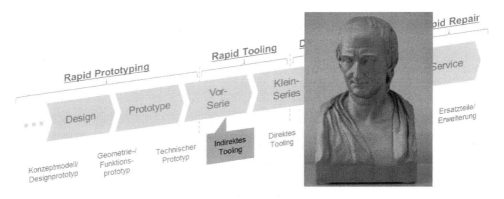

Abb. 2.11 Indirektes Tooling am Demonstrator einer Büste (Gottfried Wilhelm Leibniz)

schiedlicher Materialien können im dargestellten Prototyp zusammengehörige Funktionen visualisiert werden. Der assemblierte Prototyp weist die Funktionen des späteren Serienbauteils auf und kann bereits funktionsfähig zum Einsatz kommen. Die Erkenntnisse aus Feldversuchen fließen zurück in den Produktentstehungsprozess, um Fehler in späteren Produkt zu minimieren.

Als weiterer Demonstrator wird in Abb. 2.11 ein Modell für das Indirekte Tooling dargestellt, welches sich zusammen mit dem Direkten Tooling innerhalb des RT eingliedert. RT Technologien werden besonders für die Herstellung von Vor- und Kleinserien eingesetzt, da flexibel und wirtschaftlich komplexe Werkzeuge gefertigt werden können. Beim indirekten Tooling wird in einem ersten Schritt ein Modell aus Kunststoff, beispielsweise durch das Fused Deposition Modeling, hergestellt. Das sogenannte verlorene Modell wird anschließend in einer Sandform abgeformt, sodass ein Negativ des Modells entsteht. Das im Sand umschlossene Modell wird in einem letzten Schritt mit

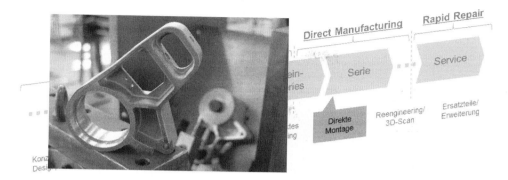

Abb. 2.12 Direkte Montage am Demonstrator eines Radträgers

flüssigen Metall gefüllt. Bei einer Schmelztemperatur von z. B. 660 °C bei Aluminium verdampft das Kunststoffmodell, sodass das flüssige Metall in den entstandenen Hohlräumen erstarrt. Eine wichtige Voraussetzung für einen präzisen Abguss ist die Oberflächennachbearbeitung des verlorenen Modells, da die Oberflächenrauheit auf den Abguss übertragen wird.

Der fünfte Demonstrator ist zwischen der Kleinserien- und Serienproduktion eingegliedert. Das entstandene Bauteil kann durch direkte Montage verwendet oder durch den Zusammenbau mit weiteren Komponenten in eine Baugruppe überführt werden. Die direkte Montage ist Bestandteil des DM. Als Demonstrator wird ein Radträger eines Rennwagens betrachtet, welcher in Abb. 2.12 dargestellt ist. Ein Bauteil, welches im DM hergestellt wird, ist ein bestimmungsgemäß einsetzbares und marktfähiges Produkt. Anwendung finden diese besonders in Kleinserien und zur Herstellung von stark individualisierten sowie geometrisch hochkomplexen Produkten. Der untersuchte Radträger ist durch SLM aus Aluminium gefertigt. Zur Realisierung von Passungen sind die Wirkflächen, welche als Schnittstelle zu anderen Komponenten stehen, mechanisch nachbearbeitet. Anhand von Prüfstandsversuchen wurden die mechanischen Eigenschaften, im Vergleich zu einem gegossenen Bauteil aus der gleichen Aluminiumlegierung, validiert. Der dargestellte Radträger, als Teil eines Rennwagens, ist ein Bauteil mit geringer Losgröße. Weiterhin weist dieser eine hohe Individualisierung auf, da die Abmaße und eine kraftflussgerechte Gestaltung vom vorhandenen Bauraum und den äußeren Rahmenbedingungen eines expliziten Rennwagens abhängig sind.

Der sechste Demonstrator ist am Ende des Produktentstehungsprozesses eingegliedert. Durch den Einsatz des AM können physische Komponenten mit Material beaufschlagt werden. Bestehende Bauteile können in der Prozesskammer justiert und fixiert werden, sodass die oberste Fläche mit additivem Materialauftrag erneuert bzw. erweitert werden kann. In Abb. 2.13 wird als Demonstrator ein Hohlwürfel mit bedruckter Oberseite visualisiert.

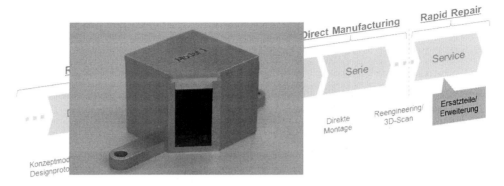

Abb. 2.13 Rapid Repair am Demonstrator eines Würfels

Das im RR erneuerte Bauteil muss, analog zum DM, eine Fertigteilqualität aufweisen. Diese kann entweder direkt aus dem Prozess resultieren oder durch die Nachbearbeitung des Bauteils erreicht werden. Anwendung findet das RR bei hochkomplexen und teuren Bauteilen, bei welchen der Austausch der gesamten Komponente mit einem hohen (wirtschaftlichen) Aufwand verbunden ist. Die in Abb. 2.13 gezeigte Zusatzschicht ist durch das SLM mit einer Aluminiumlegierung gefertigt. In einem ersten Schritt wird eine Zwischenplatte in den hohlen Quader eingepresst. Nach der Platzierung der präparierten Komponente im Bauraum wird die Bauteiloberfläche als Nullreferenz festgelegt. Anschließend wird die Prozesskammer mit Pulver gefüllt, sodass die Bauteiloberflächen einen horizontalen Abschluss mit dem Pulverbett aufweist und somit die gleichen Ausgangsbedingungen wie beim DM herrschen. Herausfordernd beim RR ist einerseits die exakte Positionierung des Bauteils im Bauraum, da ein präziser Übergang zwischen den Schichten angestrebt wird. Andererseits ist eine homogene Verbindung zwischen dem aufgetragenen Material und dem Grundkörper notwendig. Parameter wie die Prozesstemperatur oder die Einwirktiefe des Lasers sind exakt aufeinander einzustellen.

2.5 Zusammenfassung

Das AM, als Überbegriff für verschiedene Technologien des RP, RT, DM und RR, kann in den verschiedenen Phasen des Produktentstehungsprozesses eingesetzt werden. Die Darstellung unterschiedlicher AM Technologien in einem Konstruktionskatalog zeigt deren Gemeinsamkeiten sowie Differenzierungen. Die Definition von Zugriffsmerkmalen erleichtert die zielführende Auswahl einer Technologie für den benötigten Einsatzbereich.

Der Einsatz der untersuchten Technologien basiert auf einem allgemeinen Vorgehensmodell, welches die Herangehensweise zur Fertigung einer physischen Komponente aus einem CAD-Geometriemodell beschreibt. Dieses muss eine ganzheitliche Prozessbe-

trachtung beinhalten, da neben der eigentlichen Fertigung durch AM ebenfalls eine Vor-
und eine Nachbereitungsphase notwendig sind.

Die abschließende Betrachtung einiger Demonstratorbauteile beruht auf dem allgemeinen Vorgehensmodell und zeigt Möglichkeiten zur Einbeziehung des AM in den
Produktentstehungsprozess auf. Bei der Betrachtung der Demonstratorbauteile zeigt sich,
dass bereits heute das RP industriell angewandt wird und eine Marktreife aufweist. Das
Potential des DM ist hingegen teilweise noch unklar. Durch die Auswahl geeigneter
Bauteile und deren explizite Konfektionierung für das AM können Erwartungen teilweise
erfüllt werden.

Neben der Anwendung im klassischen industriellen Sinne, werden zukünftig neue
Einsatzbereiche für das AM entstehen. Technologien, wie das Bio-Printing von organischen Zellen, müssen weiterentwickelt werden um so eine Marktreife zu erlangen. Wie
bei der industriellen Herstellung sind Sicherheit und Qualität wichtige Attribute, welche,
verglichen mit konventionell gefertigten Bauteilen, neue Qualitätsansprüche erfüllen
müssen.

Literatur

1. Gebhardt A (2013) Generative Fertigungsverfahren: Additive Manufacturing und 3D Drucken für Prototyping, Tooling, Produktion. Carl Hanser, München
2. Lachmayer R, Gottwald P, Gembarski P, Lippert B (2015) The potential of product customization using technologies of additive manufacturing. In: EingereichtWorld conference on mass custo-mization, personalization and co-creation, Montréal, Oktober 2015
3. Schmid M (2014) Zukunftstechnologie Additive Manufacturing: AM auf dem Weg in die Produktion. inspire AG, KunststoffXTRA, St. Gallen
4. Verein Deutscher Ingenieure e.V., Fachbereich Produktionstechnik und Fertigungsverfahren (2014) Additive Fertigungsverfahren, Statusreport. www.vdi.de/statusadditiv. Zugegriffen am 15.09.2015
5. Gibson I, Rosen D, Stucker B (2015) Additive manufacturing technologies: 3D printing, rapid prototyping, and direct digital manufacturing. Springer, Heidelberg
6. Roth K (2000) Konstruieren mit Konstruktionskatalogen – Bd. 1: Konstruktionslehre. Springer, Braunschweig

Laserbasierte Technologien

3

Matthias Gieseke, Daniel Albrecht, Christian Nölke, Stefan Kaierle, Oliver Suttmann und Ludger Overmeyer

Laserbasierte additive Fertigungsverfahren haben eine hohe industrielle Relevanz, da sie Defizite von konventionellen Verfahren wie geringe Festigkeiten im Bauteil und die Auflösung überwinden. Laserstrahlung ist hochenergetisch, gut fokussierbar und im Prozess leicht zu führen, wodurch eine lokale Interaktion der Strahlung mit dem Werkstoff erzielt werden kann. Mit dem Laser können Pulverwerkstoffe lokal aufgeschmolzen werden und somit Bauteile aus Kunststoff im Selektiven Lasersintern oder aus Metall im Selektiven Laserstrahlschmelzen erzeugt werden. Besonders im Bereich der Metalle können eine vollständige Dichte im Bauteil sowie Eigenschaften wie von gegossenen Bauteilen eingestellt werden, womit diese zur Fertigung einsatzbereiter Bauteile geeignet sind. Darüber hinaus können mit dem Laser somit Harze (Präpolymere oder Monomere) in der Stereolithografie und Zweiphotonenpolymerisation polymerisiert und hochpräzise Bauteile im industriellen Maßstab erzeugt werden. Dieser Beitrag gibt einen Überblick über die derzeitigen relevanten laserbasierten additiven Fertigungsverfahren für Kunststoffe und Metalle und stellt die Merkmale sowie die zentralen Vor- und Nachteile vor.

3.1 Einleitung

Die additive Fertigung (Additive Manufacturing, AM), auch 3D-Druck genannt, gewinnt im privaten wie auch im industriellen Umfeld zunehmend an Bedeutung. Mit den AM Technologien können Bauteile aus einer Vielzahl von Materialien wie Kunststoffen, Metallen aber auch Keramiken aufgebaut werden. Die vielfältigen Open Source Ansätze, wie auch eine stetig fortschreitende Technik, tragen signifikant zu der weiten Verbreitung

M. Gieseke (✉) · D. Albrecht · C. Nölke · S. Kaierle · O. Suttmann · L. Overmeyer
Laser Zentrum Hannover e.V. (LZH) Hannover, Deutschland
E-Mail: m.gieseke@lzh.de

© Springer-Verlag Berlin Heidelberg 2016
R. Lachmayer et al. (Hrsg.), *3D-Druck beleuchtet,*
DOI 10.1007/978-3-662-49056-3_3

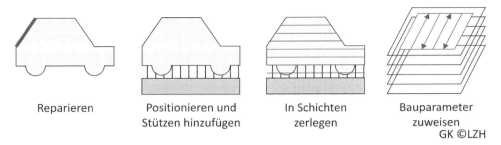

| Reparieren | Positionieren und Stützen hinzufügen | In Schichten zerlegen | Bauparameter zuweisen |

GK ©LZH

Abb. 3.1 Schritte der 3D-Datenaufbereitung

dieser Technologie durch günstige Geräte und Maschinen, neue Materialien und bessere erzielbare Bauteilqualitäten bei. Alle etablierten AM Technologien basieren auf einem Schichtbauverfahren bei dem zunächst das 3D-Bauteil virtuell in einzelne Schichten zerlegt wird. Diese werden dann im additiven Fertigungsprozess schichtweise aufgebaut. Die Schritte der Datenvorbereitung sind für alle Verfahren für Heim- und auch industrielle Anwendung weitestgehend identisch. Zunächst müssen die 3D-Daten auf Konsistenz geprüft und ggf. repariert werden. Im nächsten Schritt werden die Bauteile virtuell im Bauraum positioniert und ggf. Stützen hinzugefügt. Im Anschluss wird das Bauteil in einzelne Schichten zerlegt und die Bauparameter werden zugewiesen (siehe Abb. 3.1) [1–3].

Die AM Systeme für die Herstellung von 3D-Bauteilen in Heimanwendung oder auch im industriellen Prototypenbau erfordern meist eine einfache und günstige Prozesstechnik. Die grundlegenden Wirkprinzipien dieser Systeme sind das Verkleben von Granulaten durch einen Binder beispielsweise mit einem konventionellen Druckkopf eines Tintenstrahldruckers (3D-Printing) oder der Extrusion von drahtförmigem Kunststoff über eine beheizte Düse (Fused Deposition Modelling, FDM). Des Weiteren werden flüssige Monomere oder Präpolymere mit ultravioletter Strahlung polymerisiert (Stereolithografie). Die Formgebung erfolgt durch eine selektive Polymerisation z. B. durch die Digital Light Processing Technologie (DLP), durch ein Maskenverfahren oder alternativ über einen geführten Laserstrahl (siehe Abschn. 3.2.2) [1].

Jedes dieser Verfahren weist spezifische Einschränkungen auf, sodass das geeignete Fertigungsverfahren anhand der jeweiligen Anforderungen ausgewählt werden muss. Bauteile, die durch ein Verkleben von Granulaten aufgebaut wurden, besitzen eine geringe Festigkeit, sodass diese sich nur als Designprototypen eignen. Mechanische Eigenschaften, die eine direkte Herstellung einsatzbereiter Bauteile ermöglichen, bietet hier die Stereolithografie [4]. Die DLP-Technik bietet jedoch bei Präzisionsbauteilen teilweise eine zu geringe Auflösung [1] und das Verfahren mit mechanischen Masken weist keine Flexibilität auf. Bei der Extrusion von Kunststoffen im FDM-Verfahren wird in den Bauteilen eine teilweise zu geringe Auflösung eingestellt und die einzelnen Schichten sind deutlich sichtbar [4].

Diese Defizite können mit laserbasierten AM Verfahren überwunden werden. Laserstrahlung ist hochenergetische, elektromagnetische Strahlung. Das Licht einer Laserstrahlquelle ist monochromatisch und sehr gut fokussierbar. Durch die Verfügbarkeit verschiedener Wellenlängen kann diese bei der Lasermaterialbearbeitung für das zu bearbeitende Material optimal gewählt werden. Entscheidende Vorteile der Lasermaterialbearbeitung sind die werkzeuglose Bearbeitung sowie die geringe thermische Beeinflussung des Werkstückes durch eine lokale Wärmeeinbringung, die darüber hinaus zu geringerem Verzug führt. Die Anwendungen des Lasers in der Materialbearbeitung sind Beschriftung und Gravur, Schneiden, Schweißen sowie Härten. Dabei erreicht der Laser beim Schneiden gute Schnittkanten und beim Schweißen hohe Einschweißtiefen und Schneidgeschwindigkeiten (siehe auch [5–7]).

3.1.1 Laserbasiertes Additive Manufacturing

Zentraler Vorteil des Lasers in dem laserbasierten AM ist die lokale Interaktion des Lasers mit dem Basiswerkstoff im Bereich des Laserspots. Der Laser dient hier zum lokalen Aufschmelzen oder Polymerisieren des zu verarbeitenden Werkstoffes. Ein weiterer Vorteil ist die sehr gute Fokussierbarkeit [2], weswegen das Auflösungsvermögen durch die Nutzung von Laserstrahlung gegenüber den Standardverfahren erhöht werden kann.

Die industriell relevanten laserbasierten AM Verfahren sind im Bereich der Kunststoffe das *Selektive Lasersintern* (SLS), welches Kunststoffpulver nutzt, sowie die Stereolithografie und die Zweiphotonenpolymerisation, die flüssige Harze verwenden. Die Herstellung metallischer Bauteile erfolgt meist aus einem Pulverwerkstoff im *Selektiven Laserstrahlschmelzen* (Selective Laser Melting, *SLM®*) oder im Laserauftragschweißen (Laser Metal Deposition, LMD). Darüber hinaus ist die Verwendung von Drahtwerkstoffen beim Laserauftragschweißen möglich, findet jedoch hauptsächlich bei Beschichtungsprozessen Anwendung.

3.2 Laserbasiertes Additive Manufacturing von Kunststoffen

3.2.1 Selektives Lasersintern

Das SLS nutzt den Laser zum Aufschmelzen eines polymeren Pulverwerkstoffes im Bereich des Laserspots. Der Aufbau von Bauteilen erfolgt in einem mehrstufigen Verfahren. Basis hierfür sind Prozessdaten, die einzelne Schichtinformationen, wie Außengeometrien und Füllmuster, und Prozessparameter wie Laserleistung und Vorschubgeschwindigkeit enthalten. Im Prozess wird zunächst eine Schicht eines Pulvers gelegt und dann im nächsten Schritt die entsprechende Geometrie belichtet. Im Anschluss wird die Bauplattform um die Schichtdicke abgesenkt und der Vorgang mit der nächsten Schicht wiederholt (siehe Abb. 3.2) [1, 2].

Besonderes Merkmal der Lasersinteranlage ist die Bauraumheizung auf 170 °C bis 210 °C, mit der das Pulver auf eine Temperatur knapp unterhalb der Schmelztemperatur erwärmt wird [1]. Aufgrund der guten Absorptionseigenschaften für elektromagnetische

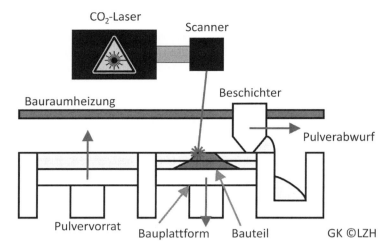

Abb. 3.2 Skizze einer Anlage zum Selektiven Lasersintern

Strahlung mit Wellenlängen von 10.600 nm kommen hier ausschließlich CO_2-Lasersysteme zum Einsatz [2]. Generell können alle thermoplastischen Kunststoffe verarbeitet werden, der meist verwendete Werkstoff ist jedoch Polyamid 12 (PA12). Weitere Verwendung finden noch Polyetheretherketon (PEEK), Polyethylen (PE) und Polypropylen (PP). Darüber hinaus können die Pulverwerkstoffe mit Zusätzen wie Kohlenstoff, Metallpartikeln oder Kohlenstofffasern versehen werden, um bestimmte optische oder mechanische Eigenschaften sowie die Haptik anzupassen (siehe auch [1, 8]).

Besonderes Merkmal des Prozesses ist die optimale Ausnutzung des Bauraums durch die freie Positionierung von Bauteilen im Bauraum, da das Verfahren keine Stützen erfordert. Es können Schichtdicken von bis zu 60 µm realisiert werden. Jedoch entstehen maximale Bauteildichten von 60 % bis 85 % und der Prozess erfordert ein Abkühlen über mehrere Stunden [1]. Das Verfahren findet hauptsächlich Anwendung im Bau von Prototypen und Designmustern aber auch für die Herstellung von Kleinserienbauteilen, wobei die verfügbaren Materialien und Eigenschaften die Anwendung limitieren.

3.2.2   UV-Stereolithografie

Das flüssige Monomer oder Präpolymer wird bei der laserbasierten Stereolithografie durch einen Laser polymerisiert, der im ultravioletten Spektrum wie z. B. HeCd und frequenzkonvertierter Nd:YAG emittiert. Während der Bestrahlungsdauer erfolgt eine Kettenreaktion, welche zum vollständigen Aushärten des Kunststoffes im belichteten Bereich führt. Im Gegensatz zu den DLP-Verfahren oder Maskenverfahren können durch die sehr gute Fokussierbarkeit des Lasers Strukturgrößen bis zu 2 µm vertikal und horizontal erzeugt werden. Die Prozessschritte sind hier aber den konventionellen Ver-

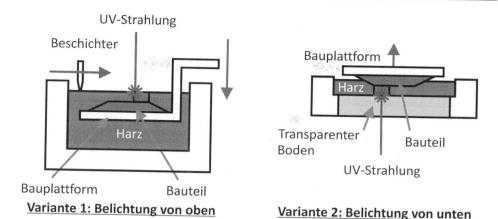

Abb. 3.3 Skizze der Verfahrensvarianten der Stereolithografie

fahren ähnlich. In einem ersten Schritt erfolgt die Beschichtung mit dem flüssigen Harz, welches im zweiten Schritt durch den Laser lokal polymerisiert wird. Nach dem Verfahren der Plattform wird der Vorgang für die nächsten Schicht wiederholt (siehe auch [1, 2]).

Bei der Stereolithografie existieren zwei Verfahrensvarianten, die ihre spezifischen Vor- und Nachteile aufweisen. Bei der ersten Variante wird das Bauteil in einer Wanne aus flüssigem Harz gefertigt und das Bauteil schichtweise in das Bad abgesenkt. Die Belichtung erfolgt wie beim Lasersintern von oben. Ein Beschichter dient hier zur gleichmäßigen Verteilung des Harzes für die einzelne Schicht, wobei die Schichtdicke maßgeblich durch die Benetzungseigenschaften definiert wird (siehe Abb. 3.3, links) [2].

Bei der zweiten Variante wird das Bauteil auf einer Bauplattform gefertigt, die aus der Wanne mit dem flüssigen Harz gehoben wird. Die Belichtung erfolgt hierbei von unten durch einen transparenten Boden in der Wanne. Der zentrale Vorteil ist hier die definierte Schichtdicke, wobei jedoch beim Abheben nach der Belichtung Abzugskräfte entstehen, die filigrane Strukturen zerstören könnten (siehe Abb. 3.3, rechts). Die Technologie wird für die Fertigung von Präzisionsbauteilen und Einzelanfertigungen verwendet. Baugrößen bis zu 1.500 mm × 750 mm × 550 mm [1, 9] ermöglichen hier die Fertigung von großen Bauteilen oder hohen Stückzahlen innerhalb eines Fertigungsprozesses. Dies resultiert jedoch in einer geringen Auflösung. Das Materialspektrum ist nicht nur auf Monomere und Präpolymere begrenzt, sondern es können auch organisch modifizierte Keramiken (Ormocere) verarbeitet werden [11]. Darüber hinaus ermöglicht die Verwendung von Schlickern, eine Mischung aus Keramikpartikeln und einem Monomer oder Präpolymer, zu die Herstellung von keramischen Bauteilen.

Hierbei entstehen jedoch Grünlinge, die in einem nachfolgenden Schritt in einem Ofen entbindert und gesintert werden müssen. Hierbei entstehen dann einsatzbereite keramische Bauteile mit einer vollständigen Dichte [10]. Jedoch muss bei diesem Verfahren eine

Abb. 3.4 Skizze der
Zweiphotonenpolymerisation

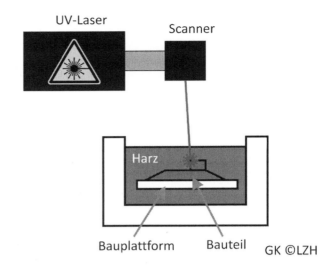

Schrumpfung des Materials im Prozess um bis zu 30 % bei der Auslegung des Bauteils eingerechnet werden [11].

3.2.3 Zweiphotonenpolymerisation

Die Zweiphotonenpolymerisation nutzt wie die Stereolithografie photochemische Reaktionen zum Aushärten von Harzen. Im Gegensatz zur Stereolithografie ist hier kein Verfahren der Bauplattform notwendig, da die Reaktion im Volumen erfolgt [2]. Hierzu treffen zwei Photonen einer Femtosekundenlaserstrahlquelle im Fokuspunkt zusammen und wirken wie energiereichere UV-Strahlung, die zur Polymerisation führt (siehe Abb. 3.4, vgl. [15]). Somit können höhere Auflösungen von kommerziell >100 nm [12] und experimentell von <100 nm erzeugt werden [13]. Die Bauvolumina der kommerziellen Anlagen betragen zwar 200 mm × 200 mm × 100 mm, die maximalen Strukturgrößen jedoch nur 30 mm × 30 mm × 30 mm [12]. Aufgrund der benötigten Femtosekundenlaser [15] sind die kommerziellen Systeme kostenintensiv und die Bauprozesse dauern im Vergleich zur Stereolithografie länger.

3.3 Laserbasiertes Additive Manufacturing von Metallen

3.3.1 Laserauftragsschweißen

Das Laserauftragschweißen nutzt den Laser zum Aufschmelzen von Pulvern oder Drähten zur Herstellung von metallischen Strukturen. Im Vergleich zum Lasersintern aber auch dem Selektiven Laserstrahlschmelzen wird hier der Zusatzwerkstoff simultan aufgebracht und aufgeschmolzen (siehe Abb. 3.5) [2].

Abb. 3.5 Skizze des
Laseraustragschweißens

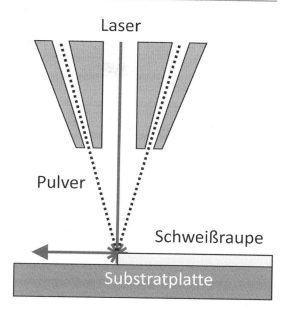

Die Technologie nutzt Bearbeitungsköpfe, die meist an kundenspezifische Anlagen wie Industrieroboter und Gantry-Systeme adaptiert werden. Prinzipbedingt wird die Technologie meist für Reparaturanwendungen wie z. B. für Flugtriebwerkskomponenten verwendet (siehe auch [7]). Die erzielbaren Bauräume sind auf das verwendete Handhabungssystem beschränkt und es können Freiformflächen bearbeitet werden. Die erreichbare Strukturbreite ist abhängig vom Bearbeitungskopf und kann bis zu 30 μm betragen. Die Bandbreite der verarbeitbaren Werkstoffe ist groß. So können neben Eisen-, Kobalt- und Nickelbasislegierungen auch Aluminium, Titan und Superlegierungen für Luftfahrtanwendungen verarbeitet werden [14]. Die Technologie hat sich im Allgemeinen zur Herstellung von Bauteilen jedoch nicht durchgesetzt. Es existieren aber Lösungen, wie beispielsweise eine kombinierte Lösung aus Laserauftragschweiß- und Fräsprozess, die gegenüber den pulverbettbasierten Verfahren Vorteile bringen [15].

3.3.2 Selektives Laserstrahlschmelzen

Das Selektive Laserstrahlschmelzen ist das derzeit weit verbreitetste AM Verfahren für metallische Werkstoffe. Wie beim Lasersintern wird hier vordeponiertes Pulver durch den Laser aufgeschmolzen und so schichtweise das Bauteil im Pulverbett erzeugt (siehe Abb. 3.6). Im Gegensatz zum SLS ist hier eine Bauraumheizung nicht notwendig [1], jedoch wird die Bauplattform häufig auf Temperaturen von beispielsweise 80 °C bis 200 °C vorgeheizt, um Verzug zu vermeiden [16, 17].

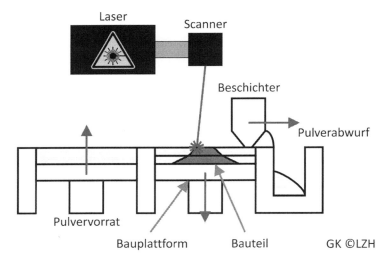

Abb. 3.6 Skizze des Selektiven Laserstrahlschmelzens

Aufgrund der zahlreichen Anlagenhersteller existieren für dieses Verfahren verschie-
dene, teilweise geschützte Bezeichnungen wie Direct Metal Laser Sintering (DMLS, EOS
GmbH, Krailingen), LaserCUSING$^{\text{\textregistered}}$ (Concept Laser GmbH, Lichtenfels), Direct Metal
Printing (DMP, 3DSystems, Rock Hill, USA), Phenix-Process (Phenix Systems, Riom,
Frankreich) und Selective Laser Melting (SLM$^{\text{\textregistered}}$, Realizer GmbH, Borchem; Renishaw
plc, New Wills, Großbritannien; SLM Solutions GmbH, Lübeck) [1, 2].

Die verarbeitbaren Materialen, die von den Anlagenherstellern zusammen mit Prozess-
parametern vertrieben werden, sind zahlreich. So können verschiedene Stähle, wie auch
Aluminium-, Kobalt-, Nickel- und Titanlegierungen und Edelmetalle verarbeitet werden
und durch ein vollständiges Aufschmelzen des Pulverwerkstoffes Dichten >99,9 % und
ähnliche Materialeigenschaften wie bei gegossenen Materialien erzeugt werden. Somit
können Funktionsprototypen, einsatzbereite Einzelanfertigungen und Kleinserien aber
auch Großserienbauteilen mit besonderen Anforderungen wie innenliegenden Kühlkanä-
len erzeugt werden [1].

Bei der Fertigung ist die Orientierung im Bauraum von entscheidender Bedeutung, da
durch den Schichtaufbau eine Anisotropie im Material und hierdurch richtungsabhängige
Materialeigenschaften entstehen [2]. Darüber hinaus sind Stützstrukturen notwendig, da
das Pulverbett im Allgemeinen nur Überhänge bis ca. 45° stützen kann und diese für eine
homogene Wärmeabfuhr aus dem Bauteil sorgen müssen. Darüber hinaus verhindern die
Stützen ein Verschieben des Bauteils bei der Fertigung durch auftretende Scherkräfte
während der Beschichtung. Die Stützen können durch entsprechende Software automa-
tisch erstellt werden und verfügen über Sollbruchstellen, um ein einfaches Ablösen zu
gewährleisten. Mit dem Verfahren sind derzeit Bauteile mit einer Größe von maximal
800 mm × 400 mm × 500 mm fertigbar [18]. Die in Laboranwendungen demonstrierte

maximal erzielbare Strukturauflösung von 30 µm kann aber nur für kleinere Bauteile mit einer Grundfläche von Ø 50 mm erzielt werden [19].

3.3.3 Elektronenstrahlschmelzen

Das Elektronenstrahlschmelzen (Electron beam melting, EBM) ist ein nicht laserbasiertes AM Verfahren jedoch von der Funktionsweise und den verarbeitbaren Materialien her dem SLM sehr ähnlich, weswegen es an dieser Stelle kurz vorgestellt wird. Das Verfahren nutzt einen Elektronenstrahl zum Aufschmelzen des Pulvers. Dieser wird durch Spulen fokussiert und gelenkt (siehe Abb. 3.7) [1, 2]. Gegenüber dem SLM können somit deutlich höhere Belichtungsgeschwindigkeiten von bis zu 8.000 m/s [20] im Vergleich zu ca. 10 m/s von Laserscannern erzielt werden [21]. Der Elektronenstrahl wird hier in einem zusätzlichen Prozessschritt zum Vorwärmen des Pulverbettes auf bis zu 1.100 °C genutzt [22] und weist gegenüber dem Laserstrahl eine höhere Eindringtiefe in das Pulverbett auf [2]. Dieses hat Vorteile bei der Verarbeitung bestimmter Materialien, wie spezieller Nickelbasis- aber auch Titanlegierungen. Gegenüber dem SLM ist die Prozesstechnik komplexer und kostenintensiver, da der gesamte Prozess im Vakuum stattfinden muss. Darüber hinaus kann der Elektronenstrahl nur auf bis zu 100 µm fokussiert werden [1].

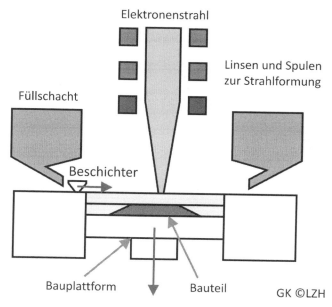

Abb. 3.7 Skizze des Elektronenstrahlschmelzens

Tab. 3.1 Laserbasierte Technologien

	Lasersintern	Stereolithografie	Zweiphotonenpolymerisation	Laserauftrag-schweißen	Selektives Laserstrahlschmelzen	Elektronenstrahlschmelzen
Materialien	PA12, PEEK, PE (Pulver)	Monomere, Präpolymere, Schlicker (Harze)	Monomere (Harze)	Metallische Pulver- oder Drahtwerkstoffe	Metallische Pulverwerkstoffe (Al-, Co-, Fe-, Ni-, Ti-Basis)	
Auflösung	60 µm (vertikal)	2–10 µm (horizontal) 2–5 µm (vertikal)	>100 nm	Bis 30 µm	<30 µm	100 µm
Dichte	60–80 %	>99,9 %	>99,9 %	>99,9 %	>99,9 %	>99,9 %
Bauraum	$550 \times 550 \times 750$ mm³	$1500 \times 750 \times 550$ mm³	$200 \times 200 \times 100$/ $30 \times 30 \times 30$ mm³	„unbegrenzt"	$800 \times 400 \times 500$ mm³	Ø 350×380 mm²
An-wendung	Prototypen, Kleinserienbauteile	Einzelanfertigungen, Präzisionsbauteile	Präzisionsbauteile	Reparatur	Einsatzbereite Bauteile aus Al-, Co-, Fe-, Ni-, Ti-Basislegierungen	
Vorteil	Effiziente Bauraumnutzung	Auflösung	Auflösung	Modularität	Günstige Anlagentechnik	Vorwärmung auf bis zu 1.100 °C
Nachteil	Materialvielfalt	Materialvielfalt	Geschwindigkeit	Für Fertigung eher ungeeignet	Geringere Vorwärmtemperaturen als beim Elektronenstrahlschmelzen	Kostenintensive, komplexe Anlagentechnik

3.4   Zusammenfassung

Laserbasierte AM Verfahren sind etablierte Prozesse für den industriellen Einsatz. Zentraler Vorteil des Lasers ist die sehr gute Fokussierbarkeit und die einfache Führung der Strahlung im Prozess. Im Vergleich zum Elektronenstrahl ist darüber hinaus kein Vakuum notwendig, was die Anlagenkosten minimiert. Die Laserstrahlung ist hochenergetisch und kann somit lokal mit dem Basiswerkstoff interagieren. Dabei kann das Material entweder aufgeschmolzen oder polymerisiert werden.

Die weit verbreitetsten laserbasierten AM Verfahren sind im Bereich der Kunststoffe das SLS und im Bereich der Metalle das SLM, da sie eine große Breite an Anwendungen abdecken. Alle laserbasierten AM Verfahren und das Elektronenstrahlschmelzen weisen spezifische Vor- und Nachteile auf und werden diesbezüglich genutzt, welche zusammen mit den derzeitigen Spezifikationen in Tab. 3.1 zusammengefasst sind.

Allgemein sollten bei der Wahl eines additiven Fertigungsverfahrens zunächst die Bauteilanforderungen definiert werden. Dies betrifft die Anwendung, beispielsweise als Designmuster oder Funktionsprototyp, aber auch die geometrischen und mechanischen Kennwerte wie Genauigkeiten und Festigkeiten. Es ist empfehlenswert, dass bei der Konstruktion von Bauteilen für das AM auch die spezifischen Vorteile des Verfahrens wie die Realisierung von Hinterschneidungen genutzt werden. Neben der Kalkulation der Fertigungskosten sollte ebenso noch eine eventuell notwendige mechanische Nacharbeit berücksichtigt werden, da diese für das Erzielen von bestimmten Genauigkeiten notwendig ist. Im Allgemeinen sollte auch geprüft werden, ob eine konventionelle Fertigung eventuell Vorteile bezüglich Fertigungszeit und Fertigungskosten bietet. Erst bei Erfüllung dieser Kriterien sollte ein geeignetes AM Verfahren beispielsweise anhand von Tab. 3.1 gewählt werden.

Literatur

1. Gebhardt A (2013) Generative Fertigungsverfahren: Additive Manufacturing und 3D Drucken für Prototyping, Tooling, Produktion. Carl Hanser, München
2. Gibson I, Rosen DW, Stucker B (2010) Additive manufacturing technologies. Springer, New York/Heidelberg/Dordrecht/London
3. Langefeld B (2013) Additive manufacturing – a game changer for the manufacturing industry? Roland Berger Strategy Consultants, München. http://www.rolandberger.de/medien/publikationen/2013-11-29-rbsc-pub-Additive_manufacturing.html.
4. Reizner A (2015) Die einzelnen rapid-prototyping-verfahren im Detail. ProTec 3D, Freilassing. http://www.protec3d.de/wp-content/uploads/Die-einzelnen-Verfahren-mit-PROTEC3D.pdf.
5. Eichler J, Eichler H (2010) Laser – Bauformen, Strahlführung, Anwendungen Laser, 7. Aufl. Springer, Berlin/Heidelberg
6. Hügel H, Graf T (2009) Laser in der Fertigung – Strahlquellen, Systeme, Fertigungsverfahren, 2. Aufl. Vieweg+Teubner, Wiesbaden
7. Poprawe R (2005) Lasertechnik für die Fertigung – Grundlagen, Perspektiven und Beispiele für den innovativen Ingenieur. Springer, Berlin/Heidelberg

8. NN (2014) Kunststoff- und Metallwerkstoffe für die Additive Fertigung. EOS GmbH, Krailingen. http://www.eos.info/werkstoffe-p.
9. NN (2011) Marktübersicht, Generative Fertigungsanlagen. >fertigung<, Nr. 10-11/11. verlag moderne industrie GmbH, Landsberg
10. Schönherr JA, Gmeiner R, Boccaccini AR, Stampfl J (2015) Additive Herstellung hochfester Biogläser und Biokeramiken für medizinische Anwendungen. Tagungsband zur Rapid.Tech 2015, Erfurt
11. Overmeyer L, Neumeister A, Kling R (2011) Direct precision manufacturing of three-dimensional components using organically modified ceramics. In: CIRP Annals – Manufacturing Technology, S 267– 270
12. NN (2014) Technologieinformation: Industrielle 2PP-Anlage. TETRA Gesellschaft für Sensorik, Robotik und Automation mbH, Ilmenau. http://www.tetra-ilmenau.de/fileadmin/user_upload/Downloaddateien/Automation/TETRA_2PP_-_Technologieinformation.pdf.
13. Obata K, Koch J, Hinze U, Chichkov BN (2010) Multi-focus two-photon polymerization technique based on individually controlled phase modulation. Opt. Express, OSA, S 17193–17200
14. Keicher D (2015) Laser Engineered Net Shaping LENS^R Phase II. Optomec, Albuquerque, USA. https://www.ncms.org/wp-content/NCMS_files/CTMA/Symposium2005/presentations/Track%201/0420%20Keicher.pdf.
15. Veld BH, Overmeyer L, Schmidt M, Wegener K, Malshe A, Bartolo P (2015) Micro additive manufacturing using ultra short laser pulses. In: CIRP Annals – Manufacturing Technology, S 701 – 724
16. Buchbinder D (2013) Selective Laser Melting von Aluminiumgusslegierungen. Shaker, Aachen
17. Sehrt JT (2010) Möglichkeiten und Grenzen bei der generativen Herstellung metallischer Bauteile durch das Strahlschmelzverfahren. Shaker, Aachen
18. NN (2015) X line 2000R metal laser melting system. Concept Laser GmbH, Lichtenfels. http://www.conceptlaserinc.com/wp-content/uploads/2015/04/1502_X-line-2000R_EN.pdf.
19. Noelke C, Gieseke M, Kaierle S (2013) Additive manufacturing in micro scale. In: Proceedings of the 32rd international congress on applications of lasers & electro-optics (ICALEO), Miami
20. NN (2015) Arcam A2X – setting the standard for additive manufacturing. Arcam AB, Mölndal, Schweden. http://www.arcam.com/wp-content/uploads/arcam-a2x.p.
21. NN (2015) intelliSCAN$_{de}$, intelliSCAN 2015. SCANLAB AG, Puchheim. http://www.scanlab.de/sites/default/files/PDF-Dateien/Produktblaetter/Scan-Systeme/intelliSCAN%2BintelliSCANde_DE_0.pdf.
22. Loeber L, Biamino S, Ackelid U, Sabbadini S, Epicoco P, Fino P, Eckert J (2011) Comparison of selective laser and electron beam melted titanium aluminides. In: International solid freeform fabrication symposium, Austin

Nachhaltigkeit und Business-Cases

4

Florian Johannknecht und Rene Bastian Lippert

Im Rahmen sich erhöhender Energiepreise und der steigenden Notwendigkeit von effizienten Prozessen zur Erhaltung der Wettbewerbsfähigkeit, sowohl in der Fertigung als auch der Anwendung technischer Systeme, rückt der Trend zur Nachhaltigkeit immer weiter in den Fokus. In diesem Artikel wird die Nachhaltigkeit des Additive Manufacturing mit der der spanenden Bearbeitung durch einen Vergleich anhand eines Demonstratorbauteils untersucht. Es wird der Begriff der Nachhaltigkeit betrachtet sowie eine Definition, bezogen auf den Produktlebenszyklus, formuliert. Darauf basierend werden die Prozessketten beider Fertigungsverfahren verglichen und Energiefaktoren ermittelt. Anschließend wird eine Berechnung anhand eines Demonstrators aus der Automobilindustrie in einer Fallstudie durchgeführt. Das Ergebnis zeigt einen relativen Vergleich der Fertigungsverfahren zueinander. In Kennzahlen und Tabellen wird der Lösungsraum erweitert.

4.1 Einleitung

Bauteile und Produkte werden im Rahmen der Industrialisierung global verteilt in Massenproduktion hergestellt und anschließend mittels komplexer Logistikstrukturen – teils „just in time" - transportiert. Die Organisation und Durchführung der Transporte erfordert einen hohen Grad an Aufwand und Planung. Zudem stößt dieser Ansatz allmählich an seine Grenzen [1]. Die zusätzliche Belastung für die Umwelt sowie die Nachhaltigkeit der Prozesse werden immer häufiger kritisiert [2].

F. Johannknecht (✉) • R.B. Lippert
Institut für Produktentwicklung und Gerätebau (IPeG), Hannover, Deutschland
E-Mail: johannknecht@ipeg.uni-hannover.de; lippert@ipeg.uni-hannover.de

© Springer-Verlag Berlin Heidelberg 2016
R. Lachmayer et al. (Hrsg.), *3D-Druck beleuchtet*,
DOI 10.1007/978-3-662-49056-3_4

Die Technologie des *Additive Manufacturing* (*AM*) eröffnet neue Möglichkeiten im Bereich der Nachhaltigkeit und Effizienz. Durch eine höhere Flexibilität in den AM Verfahren können Teile auf Nachfrage hergestellt werden, wenn diese benötigt werden [3]. Die resultierenden geringeren Lagerkosten und die Vermeidung von Überproduktionen haben einen positiven Einfluss auf die Nachhaltigkeit. Die einsatzortnahe Produktion verringert den Logistikaufwand und ermöglicht somit eine erhöhte Effizienz der Prozesskette. Im Bereich des Ultraleichtbaus, bei dem zu klassischen Herstellungsverfahren noch weitere 5–10 % Bauteilgewicht eingespart werden können, sind darüber hinaus Möglichkeiten vorhanden schon in der Fertigung Material und Energie einzusparen. Zudem eröffnen sich durch verringertes Gewicht Möglichkeiten zur Effizienz im gesamten Produktlebenszyklus. Doch unter welchen Rahmenbedingungen lohnt es sich bereits Bauteile additiv anstelle mittels konventionellen Verfahren zu fertigen? Welchen Einfluss haben die einzelnen Bereiche in der Produktion? Welche Potenziale existieren in der Nutzung? In der Produktentwicklung herrscht gegenwärtig der Trend von der reinen Kostenorientierung zu Ressourceneffizienz und Nachhaltigkeit vor [4]. Die Nachhaltigkeit additiver Fertigungsprozesse ist bisher jedoch weitestgehend unerforscht [1]. Die folgende Kalkulation vergleicht die Prozesskette eines AM Verfahrens mit der einer spanenden Bearbeitung in Bezug auf dessen Nachhaltigkeit für die Herstellung eines Demonstratorbauteils. Die Nutzungspotenziale werden abgeschätzt. Der folgende Ansatz beschränkt sich auf die industrielle Fertigung und Anwendung. Do-It-Yourself Ansätze des AM, welche im privaten Bereich zum Einsatz kommen, werden nicht berücksichtigt.

4.2   Methodik

Im Folgenden wird die Herstellung eines Demonstratorbauteils, ein Reflektor aus der Automobilindustrie, mittels zwei unterschiedlichen Fertigungsverfahren auf Nachhaltigkeit untersucht. Ein nachhaltiger Prozess wird dabei auch als kosteneffizienter Prozess angesehen. Denn jeder Einsatz von Material und Energie kostet monetäre Aufwendungen.

Nachhaltigkeit ist in der Literatur zahlreich definiert, beispielhaft von Ninck [5] oder Bell und Morse [6], vgl. [1]. Für ein gleiches Verständnis wird für diesen Artikel eine Definition festgelegt. Unter Berücksichtigung des folgenden Vergleichs zweier Fertigungsverfahren wurde folgende Begriffsbestimmung gewählt: „Nachhaltigkeit ist die Auswirkung einer Prozesskette auf die Benutzung und Erneuerung von Ressourcen sowie der Umweltverschmutzung und -zerstörung" [1]. Diese Definition bildet die Basis für das anschließende Vorgehen.

Darauf aufbauend wird das Vorgehen zur Bewertung der beiden Fertigungsverfahren abgeleitet, vgl. [1]. Abbildung 4.1 zeigt die Methode zur Ermittlung der Nachhaltigkeit.

Zunächst werden alle Prozessschritte identifiziert, die für die Herstellung mit dem jeweiligen Verfahren notwendig sind. Diese werden anschließend für einen relativen Vergleich in fünf Abschnitte gegliedert. Folgend werden für jeden Prozessschritt die Energiefaktoren bestimmt. Da diese nicht nur in verschiedenen Einheiten vorliegen,

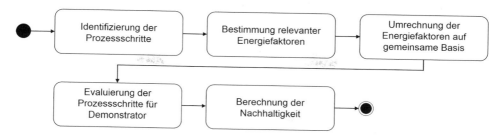

Abb. 4.1 Ansatz zum Vergleich der Nachhaltigkeit unterschiedlicher Prozessketten

sondern auch gänzlich anderen Faktoren wie Zeit und Gewicht unterliegen, müssen alle auf eine gemeinsame Basis umgerechnet werden. Dafür ist als Einheit die CO_2-Emission geeignet, weil – auch im Hinblick auf die Definition – sowohl die Umweltbelastung als auch der Verbrauch und die Erneuerung von Ressourcen berücksichtigt werden. Für beiden Prozessketten werden darauf folgend für den Demonstrator alle Schritte evaluiert. Abschließend wird die Nachhaltigkeit jeder Prozesskette berechnet, in dem alle Elemente aufsummiert werden. Die Prozesskette mit dem insgesamt kleineren Wert – und damit der geringeren CO_2-Emission – ist dann aus Sicht der Nachhaltigkeit das für das Bauteil vorzuziehende Fertigungsverfahren.

4.3   Analyse der Prozessketten

Zwei Fertigungsverfahren zu vergleichen bedeutet nicht nur, zwei Maschinen zu vergleichen. Es sind für beide Herstellungsprozesse umfangreiche Prozessketten sowie deren Schritte zu untersuchen. Im Folgenden werden die Prozessketten beider betrachteten Herstellungsverfahren vorgestellt. Da das Bauteil aus einer Aluminiumlegierung besteht, beziehen sich auch die Prozesse auf diese. Anschließend gilt es die CO_2-Emissionen jedes Prozessschrittes zu ermitteln und in einem mathematischen Zusammenhang zu bringen.

4.3.1   Erläuterung der Prozessketten

Die Prozessketten beider Herstellungsverfahren sind in Abb. 4.2 dargestellt. Diese sind in die Bereiche der Gewinnung sowie Aufbereitung des Rohmaterials, des Recyclings, der Logistik und der Produktion aufgeteilt.

Bei der spanenden Bearbeitung ist das Ausgangsmaterial das Halbzeug. Das Rohmaterial dafür muss zunächst gewonnen und legiert werden. Anschließend wird es zur Produktionsstätte transportiert und dort bis zur Verwendung gelagert. Der bei der Produktion entstehende Materialüberschuss wird recycelt. Vor dem fertigen Bauteil steht ein optionaler Nachbearbeitungsprozess, um beispielsweise die Oberflächeneigenschaften einzustellen.

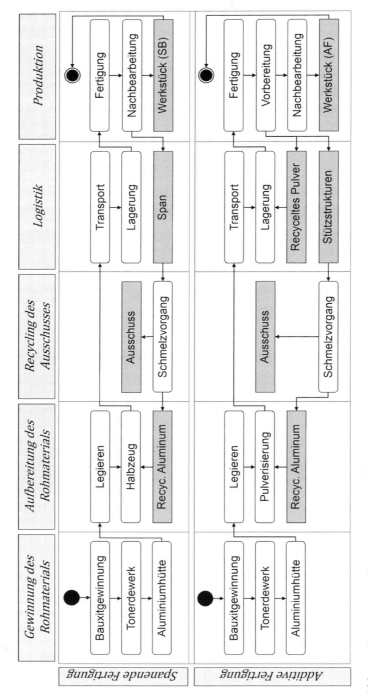

Abb. 4.2 Vergleich der Prozessketten des Additive Manufacturing und der spanenden Bearbeitung, vgl. [1]

Die Prozesskette der additiven Fertigung unterscheidet sich von der der spanenden Bearbeitung. Auch hier wird zunächst das Rohmaterial gewonnen und legiert. Statt eines Halbzeugs wird das Material jedoch pulverisiert. Nach dem Transport findet die grundlegend andere Fertigung statt, bei der anstelle von Spanabnahme das Bauteil schichtweise aufgebaut wird. Anschließend werden die Stützstrukturen entfernt und die Bauteiloberfläche ebenfalls nachbearbeitet. Das überschüssige Pulver wird wiederverwendet sowie die Stützstrukturen eingeschmolzen und recycelt.

4.3.2 Ermittlung der CO_2-Emissionen

Die fünf Bereiche beider Prozessketten werden nachstehend auf ihre gesamte CO_2-Emission untersucht:

Gewinnung des Rohmaterials

In einer Schmelzflusselektrolyse wird der Rohstoff Bauxit mittels des Bayer-Verfahrens in Aluminiumoxid (chemisches Zeichen: Al_2O_3) und weitere Abfallprodukte gewandelt. Zur Aufbereitung von Primäraluminium wird das Aluminiumoxid in einer Elektrolysezelle abgeschieden und in Aluminium-Barren gegossen. Bei der Herstellung von Primäraluminium werden Wärmeenergie, elektrische Energie und fossile Hilfsstoffe als Energieträger benötigt [7]. Im Durchschnitt werden dabei etwa 15.700 kWh verbraucht, um eine Tonne Aluminium zu gewinnen [8]. Da im Mittel eine kWh 0,55 kg CO_2 entspricht, werden somit 8.635 kg CO_2 emittiert.

Der Prozess der Rohstoffgewinnung ist für Einzelteile nicht praktikabel, da in der Praxis ausschließlich große Mengen Aluminium-Barren hergestellt werden. Um eine Vergleichbarkeit der beiden Verfahren zu erlangen, kann die Menge des benötigten Materials der beiden Verfahren auf ein Bauteil zurück gerechnet werden.

Aufbereitung des Rohmaterials

Der erste Arbeitsschritt bei der Rohstoffaufbereitung ist die Legierung. Wie auch bei der Materialgewinnung ist dieser Schritt in beiden Verfahren identisch. Die hergestellten Aluminium-Barren werden aufgeschmolzen und mit weiteren Metallen, welche sich nach dem späteren Verwendungszweck richten, versetzt [9].

Während für die spanende Bearbeitung die flüssige Legierung zum Aushärten in Halbzeuge gegossen wird, muss beim AM das Aluminium pulverisiert werden. Zur Verarbeitung im additiven Fertigungsprozess werden Pulverteilchen in einer Größenordnung von unter 50 µm benötigt. Grundsätzlich kann für deren Herstellung die flüssige Legierungsschmelze von strömenden komprimierten Gasen und Flüssigkeiten, von mechanisch bewegten Teilen oder durch Ultraschall in Tröpfchen zerteilt werden. Im Zerteilungsmedium oder mit Hilfe von zusätzlichen Kühlmitteln erstarren die sich bildenden Partikel in kürzester Zeit [7]. Bei der Herstellung von Aluminiumpulver wird in

99 % aller Fälle die Legierung durch Luftverdüsung pulverisiert. Als Abkühlmedium wird meist Wasser verwendet [10].

Im Bereich der Aufbereitung wird für die spanende Bearbeitung 5 % der Energie angenommen, die für die Gewinnung des Rohmaterials benötigt wird. Daraus resultieren 785 kWh bzw. 431 kg CO_2-Emission pro hergestellte Tonne Aluminium. Für das AM muss das legierte Material wie oben zusätzlich pulverisiert werden. Es werden 10 % der Energie der Rohstoffgewinnung veranschlagt, aus dem sich ein Verbrauch von 1570 kWh bzw. 864 kg CO_2-Emission pro Tonne ergibt.

Logistik

Für das aufbereitete Rohmaterial wird eine Transportdistanz von 1000 km mit einem LKW kalkuliert. Eine Ladung von einer Tonne Material generiert durchschnittlich 200 kg CO_2 [11].

Für die Lagerung der Materialien sind entsprechende Lagerhallen notwendig. Die Lagerhaltung eines Kubikmeters verursacht im Durchschnitt 140 kWh [12]. Halbzeuge für die spanende Bearbeitung können an einem trockenen Ort aufbewahrt werden. Aluminiumpulver muss aufgrund der leichten Entflammbarkeit besonders geschützt aufbewahrt werden. Vor diesem Hintergrund wird angenommen, dass die Lagerung des Halbzeuges 20 % der CO_2-Emission gegenüber der des Pulvers verursacht. Daraus ergibt sich im Bereich Logistik für die spanende Bearbeitung 205 kg CO_2 und für das AM 229 kg CO_2 pro Tonne [1].

Produktion

Beim AM wird das gelagerte Pulver in die Maschine eingefüllt und nach einer Aufwärmphase der Prozesskammer in dünnen Schichten mit einem Laser aufgeschmolzen. Durch den werkzeuglosen Schichtaufbau wird eine (Near-)Net-Shape Komponente erzeugt. Dabei werden Support-Strukturen zur Stabilisierung des Bauteils in der Prozesskammer verwendet. Zugleich dienen diese Strukturen zur Wärmeleitung, um Spannungseinflüsse im Bauteil zu minimieren. Die Prozessdauer und der Energiebedarf hängen beim AM von der Bauteilhöhe und dessen Volumen ab. Die Komplexität der Geometrie beeinflusst diese Parameter nur marginal [13].

Nach dem additiven Fertigungsprozess muss das Bauteil aufbereitet werden. Zuerst wird das Bauteil aus dem Pulverbett entfernt und von überschüssigem Pulver befreit. Besonders Hinterschnitte und Hohlräume müssen gereinigt werden. Anschließend werden die Support-Strukturen von dem grob gereinigten Bauteil entfernt. Die Geometrie dieses Bauteils entspricht bereits nahezu der der finalen Komponente. Um dem späteren Einsatz gerecht zu werden, wird das aufbereitete Bauteil nachbearbeitet. Zum Entfernen kleiner Unebenheiten und Rückstände der Support-Struktur, wird das gesamte Bauteil sandgestrahlt. Es entsteht eine raue Oberfläche, welche selektiv nachbearbeitet wird. Funktions- und Kontaktflächen werden nachgeschliffen und je nach Bauteilanforderung poliert [1].

Für den Sinterprozess benötigt die Beispielmaschine (EOS M280) ca. 3,2 kWh [14]. Der Nachbearbeitungsprozess verbraucht ca. 0,5 kWh. Daraus ergibt sich für den Produktionsbereich des AM eine CO_2-Emission von 2 kg pro Fertigungsstunde.

Bei der spanenden Bearbeitung wird ein Halbzeug benötigt, dass in allen drei Dimension mindestens so groß ist wie das spätere Bauteil. Dafür wird vom Stangenmaterial das spätere Halbzeug abgesägt. Für die Zerspanung wird das konfektionierte Halbzeug in eine CNC-gesteuerten 5-Achsfräse gespannt und dann bearbeitet. Während des Fertigungsprozesses muss das Bauteil bei komplexen Geometrien eventuell umgespannt und neu justiert werden. Um dem Einsatzzweck gerecht zu werden, werden beim abschließenden Nachbearbeiten Oberflächen poliert [1]. Die eingesetzte Fräsmaschine (Imes – icore premium 4030 μ) hat einen Energieverbrauch von 2,3 kWh. Das Nachbearbeiten benötigt 0,8 kWh. Insgesamt emittiert die spanende Bearbeitung in diesem Abschnitt somit 1,8 kg CO_2 pro Fertigungsstunde.

Recycling
Das Recycling beider Prozesse ist wieder identisch. In einem Schmelzprozess wird die überschüssige Aluminiumlegierung aufgeschmolzen und in recyceltes Aluminium sowie sonstige Abfälle getrennt. Die benötigte Energie dafür kann näherungsweise als 5 % von der Gewinnung des Rohmaterials angenommen werden [15]. Daraus resultiert eine CO_2-Emission von 431 kg pro zu recycelnde Tonne Aluminium.

4.3.3 Ergebnisse

Die Ergebnisse sollen folgend in Formeln übersetzt werden. Aus den fünf Bereichen (siehe Abb. 4.2) wurden drei wesentliche Parameter identifiziert:

1. Menge des Rohmaterials (Aluminium) in Tonnen
2. Menge des zu recycelten Materials (Aluminium) in Tonnen
3. Produktionszeit der Fertigungsmaschine in Stunden

Die Menge des Rohmaterials beeinflusst den Gewinnungsprozess, die Aufbereitung sowie die Logistik. Von den anderen beiden Parametern hat jeweils einer Einfluss auf das Recycling und auf die Produktion. Es ergeben sich folgende Zusammenhänge:

Additive Manufacturing
CO_2-Emission = Benötigtes Rohmaterial * (8635 kg + 864 kg + 229 kg)
           + Produktionszeit * 2 kg + Recyceltes Material * 431 kg

Spanende Bearbeitung
CO_2-Emission = Benötigtes Rohmaterial * (8635 kg + 431 kg + 205 kg)
           + Produktionszeit * 1,8 kg + Recyceltes Material * 431 kg

4.4   Fallstudie am Demonstrator

Die abgeleiteten Zusammenhänge sollen folgend genutzt werden, um anhand eines Demonstratorbauteils zu untersuchen, welches Fertigungsverfahren unter den Rahmenbedingungen nachhaltiger und damit auch kosteneffizienter ist (vgl. Abschn. 4.2).

Als Demonstratorbauteil wird ein Reflektor aus einem Kfz-Scheinwerfer verwendet. Dieser wird in Kleinserien hergestellt, sodass Spanen als zu vergleichendes Fertigungsverfahren und nicht Druckguss gewählt wird. Der Reflektor wird aus der Aluminiumlegierung AlSi10Mg hergestellt und ist in Abb. 4.3 dargestellt.

Da bei beiden Fertigungsverfahren der gleiche Werkstoff verwendet wird, kann im Bereich der Rohstoffgewinnung die Legierung vernachlässigt und nur das Aluminium betrachtet werden. Zur Berechnung der CO_2-Emission beider Verfahren müssen die in Abschn. 3.3 vorgestellten drei Parameter ermittelt werden.

4.4.1   Berechnung

Zunächst wird das benötigte Rohmaterial bestimmt. Für die spanende Bearbeitung wird ein Halbzeug verwendet. Dieses besitzt die Abmaße 105 mm * 68 mm * 52 mm. Bei einer Dichte von 2,76 kg/dm^3 wiegt das Rohmaterial für die spanende Bearbeitung somit 1169 g. Für das AM werden inklusive der Stützstrukturen 52 g an Rohmaterial benötigt. Der zerspante Reflektor benötigt somit einen etwa Faktor 22 höheren Materialeinsatz. Für die spanende Bearbeitung wird eine CNC-5-Achsfräse (s. Abschn. 3.2) eingesetzt. Der Herstellung des Reflektors benötigt 5 Stunden. Die Prozessdauer des mittels Selektivem Laserstrahlschmelzen additiv gefertigten Reflektors beträgt 8,5 Stunden. Aus der Subtraktion des Rohmaterials und finalem Bauteilgewicht ergibt sich das zu recycelnde Material. Die Kenngrößen der beiden Demonstratoren (siehe Abb. 4.4) sind in Tab. 4.1 zusammengefasst.

Abb. 4.3 Reflektor als Demonstratorbauteil

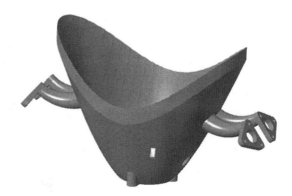

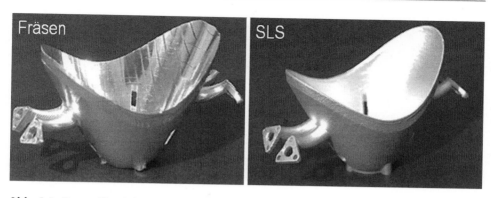

Abb. 4.4 Kenngrößen beider Fertigungsverfahren

Tab. 4.1 Kenngrößen beider Fertigungsverfahren

Verfahren	Produktionszeit	Gewicht Rohmaterial	Bauteil-gewicht	Gewicht Mat. Recycling	Rohmaterial Nutzung
Fräsen	5 h	1.169 g	40 g	1.129 g	3,5 %
Selektives Laserstrahlschmelzen	8,5 h	52 g	44 g	8 g	84,5 %

Tab. 4.2 CO_2 Emission in kg pro Prozessbereich

Verfahren	Gewinnung Rohmaterial	Aufbereitung Rohmaterial	Recycling	Logistik	Produktion	Summe
Additive Manufacturing	0,45 kg	0,04 kg	0,003 kg	0,01 kg	17 kg	**17,5 kg**
Spanende Bearbeitung	10,1 kg	0,5 kg	0,49 kg	0,24 kg	9 kg	**20,3 kg**

Aus den ermittelten Parametern lässt sich anschließend die CO_2-Emission der beiden Verfahren berechnen. Die Ergebnisse – bezogen auf ein Bauteil – sind nach den Prozessphasen aufgeteilt in Tab. 4.2 dargestellt. Es wird ersichtlich, dass die spanende Bearbeitung in den Bereichen der Gewinnung und Aufbereitung des Rohmaterials, des Recyclings und der Logistik mehr CO_2 verursacht. Der Grund ist der wesentlich höhere Materialeinsatz. In der Produktion wird weniger CO_2 emittiert als beim additiven Fertigungsverfahren. Zum einen ist das spanende Verfahren schneller, zum anderen benötigt die Lasersinteranlage viel Energie, beispielsweise zum Heizen des Bauraumes. In Summe ist die CO_2-Emission für die Herstellung des Reflektors, der ein geometrisch sehr komplexes Bauteil darstellt und ein hohes Zerspanvolumen besitzt, bei der additiven Fertigung um ca. 14 % geringer.

Abb. 4.5 Welle, Länge $l = 200$ mm, Äußerster Durchmesser $\varnothing_{max} = 40$ mm

Das Ergebnis ist jedoch stark bauteilabhängig. Wird die Rechnung anhand einer Welle (s. Abb. 4.5) durchgeführt, verursacht das Additive Manufacturing nahezu die doppelte CO_2-Emission. Im Folgenden werden deshalb Abschätzungen getätigt unter welchen Rahmenbedingungen das AM schon jetzt nachhaltiger ist und in welchen Bereichen Potenziale vorhanden sind.

4.4.2 Vergrößerung des Lösungsraums

Wird die Formel aus Abschn. 3.2 in Abhängigkeit des Anteils des späteren Bauteilgewichts am notwendigen Halbzeug aufgetragen (siehe Abb. 4.6), werden die Potenziale bei der Herstellung von Aluminiumbauteilen sichtbar. Beträgt das spätere Bauteilgewicht ca. ein viertel oder weniger des Halbzeug-Gewichts, ist die Zerspanrate so hoch, dass über den Einsatz von AM nachgedacht werden kann. Wird weniger als ca. 70 % des Halbzeugs zerspant, ist die spanende Bearbeitung aus Sicht der Nachhaltigkeit und damit auch der Kosteneffizienz vorzuziehen.

Die Formel ist jedoch stark von der Art des Materials abhängig. Bei Aluminium nutzt der AM die Materialeinsparung viel, da die Aluminiumgewinnung hohen Energieaufwand benötigt. Andere Metalle, wie z. B. Stahl, lassen sich jedoch mit weniger Energie und dementsprechend mit geringerer CO_2-Emission herstellen. Der Vorteil, weniger Material zu benötigen, reicht bei der additiven Fertigung dann nicht mehr aus, die ineffizientere Produktion zu kompensieren. Somit gibt es bei Stahl unter sonst gleichen Rahmenbedingungen keinen Break-Even-Punkt (siehe Abb. 4.7).

Das bedeutet, die spanende Bearbeitung ist auch bei hohen Zerspanungsraten derzeit nachhaltiger. Ein Grund dafür ist z. B. die lange Vorheizzeit der Lasersintermaschine. Werden AM Maschinen zukünftig effizienter, beispielsweise durch eine bessere Isolierung oder verkürzte Fertigungszeiten, kann es auch hier zu Potenzialen kommen.

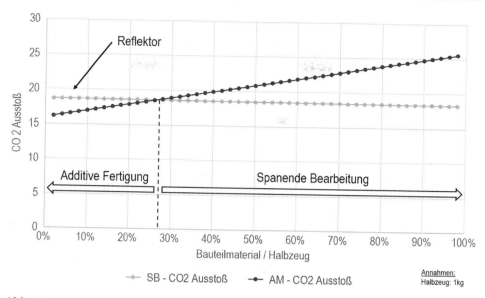

Abb. 4.6 Graphischer Vergleich der Fertigungsverfahren bei Aluminium

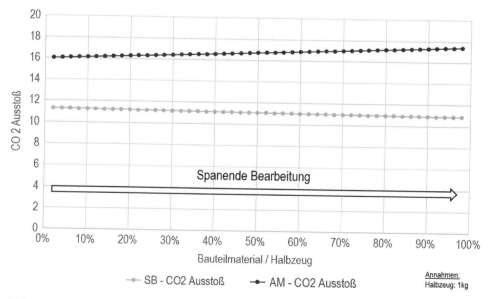

Abb. 4.7 Graphischer Vergleich der Fertigungsverfahren bei Stahl nach gegenwärtigen Voraussetzungen

4.4.3 Ultraleichtbau

Zwar ist im Rahmen der Herstellung bei einigen Materialien nur wenig Nachhaltigkeits-
potenzial mittels AM vorhanden, jedoch eröffnen sich durch die Schichtbauweise neue
Möglichkeiten im Ultraleichtbau. Im Bereich des AM gelten im Gegensatz zur spanenden
Bearbeitung kaum noch konventionelle Gestaltungsrestriktionen. Dadurch lassen sich
bisher schlecht bis gar nicht fertigbare Hinterschneidungen oder Hohlräume konstruieren.
Das Potenzial wird folgend für drei unterschiedliche Produktgruppen abgeschätzt, um
zukünftige Anwendungsgebiete zu bemessen:

- Werkzeugmaschine
- Pkw
- Flugzeug

Bei Werkzeugmaschinen liegt der Fokus auf der Steifigkeit. Gewichtsreduzierungen
haben – außer bei bewegten Teile, wie z. B. der Spindel – kaum einen Einfluss. Additiv
gefertigte Werkzeugmaschinenteile haben eher Vorteile im Bereich der flexiblen Herstellung. So können die Teile einsatzortnah und nach Bedarf hergestellt werden. Dadurch
kann die Verfügbarkeit und Auslastung der Maschine steigen. Zudem können durch eine
mögliche hohe Funktionsintegration bei schnell bewegten Teilen Kräfte reduziert werden.
In Bezug auf die Nachhaltigkeit hat dies jedoch nur einen geringen Einfluss, z. B. durch
verringerte Logistik. Diese hat insgesamt jedoch, wie die Fallstudie zeigt, einen zu ver-
nachlässigenden Einfluss auf die gesamtheitliche CO_2-Bilanz. Um eine signifikante Auswirkung in der Nutzungsphase zu erhalten, muss das gewichtsreduzierte Bauteil bewegt
werden und durch sein geringeres Gewicht kontinuierlich Energie einsparen.

Das Gewicht eines Pkws kann laut Abschätzungen von Experten 5–10 % durch additiv
gefertigte Bauteile verringert werden. Wiegt das Auto ca. 2 Tonnen (Beispiel BMW 7er)
bedeutet dies einen Minderverbrauch von 0,3 l auf 100 km [16]. Über eine Lebenslauf-
leistung von 400.000 km könnten damit 1200 l Benzin beziehungsweise 2800 kg CO_2
eingespart werden.

Beim Flugzeug haben Gewichtseinsparungen einen noch größeren Einfluss. Nach einer
Studie der McCormick Northwestern University kann das Gewicht von Flugzeugen bis zu
7 % und damit der Kraftstoffverbrauch ca. 6 % reduziert werden [17]. Dies resultiert in
einer verringerten CO_2-Emission pro Flug (Beispiel: Boeing 747) von 5500 kg, berechnet
für einen achtstündigen Flug.

Aus diesen Abschätzungen ergeben sich für die nahe Zukunft nachhaltige und kosten-
effiziente Anwendungsgebiete, die in Abb. 4.8 aufgezeigt werden. Bei Produkten ohne
Fokus auf Gewichtsreduzierung wie Werkzeugmaschinen ist wenig Potenzial vorhanden.
Beim Pkw können additiv gefertigte Bauteile sich bei sehr hohen Zerspanraten ökologisch
und ökonomisch lohnen. Durch höheres Einsparpotenzial in der Nutzungsphase lohnt sich
das AM von Flugzeugbauteilen bei schon etwas geringeren Spanabnahmen als beim Pkw.

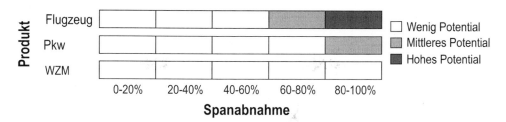

Abb. 4.8 Anwendungsgebiete des Additive Manufacturing

4.5   Zusammenfassung und Ausblick

Die vorliegende Studie untersucht die Nachhaltigkeit des AM gegenüber spanender Bearbeitung anhand eines Demonstratorbauteils. Die Berechnung zeigt die Einflüsse der unterschiedlichen Herstellungsabschnitte bzw. zeigt Nutzungspotenziale auf. Das Demonstratorbauteil, ein geometrisch komplexer Reflektor aus Aluminium mit sehr hohem Zerspanvolumen, lässt sich bereits nachhaltiger additiv fertigen. Generell ist bei Bauteilen aus Aluminium mit weniger als 70 % Zerspanvolumen noch die spanende Bearbeitung vorzuziehen. Damit das AM weniger Energie verbraucht und damit nachhaltiger ist, muss vor allem der Produktionsprozess effizienter werden. Dies könnte beispielsweise durch eine schnellere Fertigung oder eine verbesserte Wärmeisolierung der Maschine realisiert werden.

Weiterhin zeigt die Studie, dass eine Bewertung der Nachhaltigkeit nur durch eine ganzheitliche Betrachtung des Produktlebenszyklus zielführend ist. Das AM ist für manche Bauteile aus Materialien, dessen Gewinnung einen hohen Energieeinsatz benötigt, und bei hohen Zerspanungsraten nachhaltig. Bei der additiven Herstellung von Bauteilen aus Stahl sind derzeit jedoch kaum Potenziale vorhanden. In der Nutzungsphase besteht hingegen durch Gewichtseinsparungen im Ultraleichtbau ein großes Potenzial insgesamt die CO_2-Emission zu reduzieren.

Zukünftig sollte sich daher die quantitative Nachhaltigkeitsanalyse auf den gesamten Produktlebenslebenszyklus erstrecken. Hinzu kommen unterschiedliche Materialien und weitere Fertigungsverfahren, die es zu untersuchen gilt. Dann kann anhand von einigen Parametern in der Produktentwicklung das nachhaltigere Fertigungsverfahren für jedes Bauteil individuell ausgewählt werden. Dies ermöglicht nachhaltigere und damit auch kosteneffizientere Produkte.

Literatur

1. Lachmayer R, Gottwald P, Lippert B (2015) Approach for a comparatively evaluation of the sustainability for additive manufactured aluminum components. In: International conference for engineering design, Mailand, Juli 2015
2. Graeßler I (2004) Kundenindividuelle Massenproduktion – Entwicklung, Vorbereitung der Herstellung, Veränderungsmanagement. Springer, Heidelberg/New York
3. Verein Deutscher Ingenieure e.V., Fachbereich Produktionstechnik und Fertigungsverfahren (2014) Additive Fertigungsverfahren, Statusreport. www.vdi.de/statusadditiv. Zugegriffen am 01.07.2015
4. Petschow U, Ferdinand JP, Dickel S, Flämig H, Steinfeld M, Worobei A (2014) Dezentrale Produktion, 3D-Druck und Nachhaltigkeit. Institut für ökologische Wirtschaftsforschung, Schriftenreihe des IÖW 206/14, Berlin
5. Ninck M (1997) Zauberwort Nachhaltigkeit. VDF Hochschulverlag, Zürich
6. Bell S, Morse S (2008) Sustainability indicators, measuring the immeasurable? 2. Aufl. Earthscand, London
7. Ostermann F (2007) Anwendungstechnologie Aluminium. Springer, Berlin/Heidelberg
8. World Aluminium (2014) The website of the International Alumnium Institute. Word-aluminium.org/statistics, Nov. 2014. Zugegriffen am 01.07.2015
9. Weißbach W (2012) Werkstoffkunde – Strukturen, Eigenschaften, Prüfung. Vieweg + Teubner, Wiesbaden
10. Schatt W, Wieters KP, Kieback B (2007) Pulvermetallurgie. Technologien und Werkstoffe. Springer, Berlin/Heidelberg
11. Dekra (2014) Informationen zum Thema CO_2. https://www.dekra-online/de/co2/lkw.html. Zugegriffen am 01.07.2015
12. Ages GmbH Münster (2015) Verbrauchskennwerte 2005 – Energie und Wasserverbrauchswerte in der Bunderspublik Deutschland. Münster
13. Gebhardt A (2008) Generative Fertigungsverfahren, Rapid Prototyping – Rapid Tooling – Rapid Manufacturing. Carl Hanser, München
14. e-Manufacturing Solutions (2014) System data sheet EOSINT M 280 eos.info/systems_solutions/ metal/systems_equipment/eosint_m280. Zugegriffen am 01.07.2015
15. Schäfer JH (2008) Aluminium – Ressourceneffizienz entlang des Lebenszyklus von Aluminiumprodukten: Stoffstrom Aluminium – Vom Bauxitabbau bis hin zum Recycling. Gesamtverband der Aluminiumindustrie, Düsseldorf
16. ADAC (2015) Sparen beim Fahren. https://www.adac.de/infotestrat/tanken-kraftstoffe-und-antrieb/spritsparen/sparen-beim-fahren-antwort-5.aspx. Zugegriffen am 01.07.2015
17. Huang R, Riddle M, Grazino D et al (2015) Energy and emissions saving potential of additive manufacturing: the case of lightweight aircraft components. J Clean Prod, S.1–12

Gestaltung von Additive Manufacturing Bauteilen

5

Rene Bastian Lippert

Eine restriktionsgerechte Bauteilgestaltung ermöglicht einen zielführenden Einsatz des Additive Manufacturing, da (Ultra-) Leichtbau Komponenten, mit organischen Formen und beliebigen Hinterschnitten wirtschaftlich hergestellt werden können. Mit Fokussierung auf das Selektive Laserstrahlschmelzen werden zu Beginn dieses Beitrags Anforderungen an ein Bauteil untersucht, welche für die Gestaltung von Additive Manufacturing Bauteilen berücksichtigt werden müssen.

Basierend auf dem Demonstratorbauteil eines Radträgers werden Herangehensweisen zur Bauteilgestaltung untersucht. Dabei können eine wirkflächenbasierte Gestaltung, die Gestaltung unter Zuhilfenahme der Topologieoptimierung sowie die Gestaltung nach bionischen Analogien identifiziert werden. Herausfordernde Aspekte dieser Vorgehensweise werden explizit untersucht und in der Auswirkung auf die Bauteilgestaltung beschrieben. Neben der Beschreibung werden abschließend exemplarisch Bauteilvarianten des Demonstrators aufgezeigt und unter Zuhilfenahme der Finite-Element-Methode analysiert.

5.1 Einleitung

Das *Additive Manufacturing* (*AM*) eröffnet einen großen Gestaltungsraum für die geometrischen Möglichkeiten eines Bauteiles. So können nahezu beliebige Hohlräume, Hinterschnitte oder Freiformflächen hergestellt werden. Ein Bauteil kann somit explizit

R.B. Lippert (✉)
Institut für Produktentwicklung und Gerätebau (IPeG), Hannover, Deutschland
E-Mail: lippert@ipeg.uni-hannover.de

© Springer-Verlag Berlin Heidelberg 2016
R. Lachmayer et al. (Hrsg.), *3D-Druck beleuchtet*,
DOI 10.1007/978-3-662-49056-3_5

an die späteren Einsatzbedingungen angepasst werden. Diese Anpassung eines Bauteils unterliegt jedoch auch für das AM einigen Restriktionen. Analog zu anderen Fertigungsverfahren, wie beispielsweise dem Gießen oder dem Fräsen, müssen Anforderungen für ein Bauteil berücksichtigt werden [1]. Eine unveränderte Adaption eines Bauteiles für die Herstellung durch das AM ist demnach nicht zielführend. Um den großen Gestaltungsraum des AM optimal auszunutzen, müssen die Bauteile unter Beachtung geänderter Anforderungen für das AM angepasst werden. Das *Design for Additive Manufacturing* (*DfAM*) steckt dabei die Rahmenbedingungen für die Gestaltung eines Bauteiles ab.

Eine wesentliche Herausforderungen, um ein Bauteil mit einem Mehrwert im AM gegenüber konventioneller Fertigungsverfahren herzustellen, ist die Identifizierung geeigneter. Komponenten Konventionellen Verfahren, welche – verglichen mit dem AM – bereits lange bestehen und einen hohen Technologiereifegrad aufweisen, eignen sich für die Herstellung von formoptimierten, kompakten oder preisgünstigen Bauteilen. Wesentliche Parameter zur Potentialabschätzung für das AM sind verfügbare Materialien, der Grad der Produktindividualisierung, Bauteilkosten, die Nachhaltigkeit eines Bauteiles sowie die geometrische Bauteilkomplexität.

Beispielsweise muss für den Parameter der Produktindividualisierung ein Vergleich zu konventionellen Verfahren, wie dem Feinguss oder Spanen, gezogen werden. So sind besonders hochindividualisierte Bauteile mit geringe Stückzahlen geeignet für das AM [2]. Ein weiteres Beispiel ist die geometrische Bauteilkomplexität. So weißen Bauteile, die mit konventionellen Herstellungsverfahren nur mit großem Aufwand gefertigt werden können, großes Potential für das Additive Manufacturing auf [3, 4].

5.2   Stand der Technik

Der Einsatz des AM im industriellen Umfeld wird grundlegend durch die Erfüllung von Anforderungen bestimmt. Erst wenn ein Bauteil alle Anforderungen erfüllt, kann und darf dieses verwendet werden. Wie auch bei der Herstellung durch andere Fertigungsverfahren, resultieren diese Anforderungen maßgeblich aus den Sicherheits- sowie Qualitätsansprüchen an ein Produkt. Demzufolge muss ein Produkt zuverlässig und langlebig einsetzbar sein, ohne ein Sicherheitsrisiko für den Anwender darzustellen oder in der Qualität einzubüßen [5]. Um ein Bauteil hinsichtlich dieser bestehenden Anforderungen auszulegen, kann unter Beachtung fertigungstechnischer Restriktionen eine konstruktive Anpassung erfolgen. Die Verwendung des DfAM ermöglicht dabei die Berücksichtigung der Eigenschaften des AM. Das DfAM beschreibt verschiedene Ansätze, die je nach physikalischem Wirkprinzip eines Bauteils Anwendung finden. Als grundsätzlichen Gestaltungsmöglichkeiten bestehen die Wirkflächenbasierten Gestaltung, die Gestaltung unter Zuhilfenahme der Topologieoptimierung sowie die bionische Gestaltung.

Tab. 5.1 Übersicht vorhandener Gestaltungsrichtlinien

Institution	DMRC	FAU	TUHH	VDI 3405
Tabellarisch	X		X	
Textform	X	X	X	X
Verfahren	SLS, SLM	SLS	SLM	SLS, SLM
Werkstoffbezogen	X	X	X	
Geometriebeispiel	X		X	
Parameterangaben	X	X	X	

5.2.1 Wirkflächenbasierte Gestaltung

Bei der wirkflächenbasierten Gestaltung werden Wirkflächen identifiziert und Wirkräume nach partiell bestehenden Gestaltungsrichtlinien – welche die Maschinen- und Prozessrestriktionen darstellen – erstellt. Bestehende Regularien werden beispielsweise durch das *Direct Manufacturing Research Center (DMRC)*, der *Technischen Universität Hamburg-Harburg (TUHH)* oder der VDI Richtlinie 3405 – Blatt3 beschrieben [6, 7, 8]. Wie in Tab. 5.1 dargestellt, unterscheiden sich diese Informationsspeicher in einigen Aspekten. Einerseits existieren katalogen, welche durch konkrete Parameter mögliche Dimensionierungen durch eine Maschine abbilden. Andererseits bestehen Wissensspeicher, welche exemplarisch geeignete bzw. ungeeignete Gestaltungsbeispiele aufführen.

So werden beispielsweise Angaben über Mindestwandstärken, die Gestaltung von Hohlräumen oder kleinste Bohrungsdurchmesser gegeben. Die Herausforderung unter Zuhilfenahme etwaiger Richtlinien ist die Reihenfolge ihrer Anwendung. Durch die Komplexität entstehen Interdependenzen, sodass Attribute sich gegenseitig ausschließen. Die Reihenfolge hat somit eine maßgebliche Auswirkung auf die Bauteilgestaltung. Ein ebenso wichtiger Aspekt für die wirkflächenbasierte Bauteilgestaltung ist die Festlegung eines Gestaltungsziels, wie beispielsweise einer kraftflussgerechten oder funktionsintegrierten Bauteilauslegung [6, 7, 8].

5.2.2 Topologieoptimierte Gestaltung

Als weitere Gestaltungsmöglichkeit kann eine Topologieoptimierung herangezogen werden. Anhand der idealen Materialverteilung, welche als Optimierungsergebnis resultiert, entstehen organische Formen, die sich besonders für die Herstellung durch das AM eignen [9]. Ähnlich wie bei der wirkflächenbasierten Herangehensweise muss für die Topologieoptimierung Eingangs ein Optimierungsziel (Steifigkeit, Festigkeit, Gewicht, Kosten, Funktionsintegration) festgelegt werden. Nach der Definition des Gestaltungsraums und der Festlegung von äußeren Randbedingungen folgt die eigentliche Optimierung.

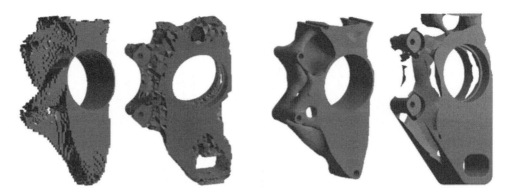

Abb. 5.1 Exemplarische Ergebnisse einer Topologieoptimierung (links: Ansys, rechts: Tosca)

Abb. 5.2 Einsatz von Gitterstrukturen in Additive Manufacturing Bauteilen

Abbildung 5.1 zeigt exemplarisch die Optimierungsergebnisse, von zwei unterschiedlichen Softwarelösungen bei gleichen Randbedingungen.

Das entstandene Optimierungsergebnis, welches meist als Flächenmodell ausgegeben wird, muss zur Aufbereitung für das AM in einen Volumenkörper überführt werden. Dieser Zwischenschritt erfolgt meist manuell, indem ein Konstrukteur das Ergebnis in einem CAD-System modelliert.

5.2.3 Bionische Gestaltung

Unter der bionischen Gestaltung eines AM Bauteils versteht man den Einsatz von Strukturelementen. Wie in Abb. 5.2 dargestellt, können beispielsweise Gitterstrukturen (englisch: „lattice structures") eingesetzt werden. Bei der Bionischen Gestaltung kann sowohl die innere als auch die gesamte Topologie substituiert werden. Das bedeutet, dass die außen liegenden Flächen des 3D-Geometriemodells geschlossen oder die Gegebenheit der inneren Struktur aufweisen können.

Neben Gitterstrukturen können optimierte Strukturen, wie beispielsweise Fachwerke, Knochenstrukturen, Wabenstrukturen oder auch Bambusstrukturen eingesetzt werden. Diese müssen je nach Belastungszustand ausgewählt und in das Bauteil übertragen werden. Neben der Festigkeit, Steifigkeit oder der Materialeinsparung muss vor allem die Richtungsabhängigkeit solcher Strukturen berücksichtigt werden.

5.3   Vergleich anhand von Demonstratoren

Als Demonstratorbauteil wird ein Radträger eines Rennwagens verwendet, welcher in der Aluminiumlegierung AlSi10Mg gefertigt wird. Bedingt durch die geringe Stückzahl, das verwendete Material und das Potential für eine kraftflussgerechte Bauteilgestaltung eignet sich das Demonstratorbauteil für die Fertigung durch das *Selektive Laserstrahlschmelzen* (*SLM*). Das Referenzmodell, welches für den Aluminium-Druckguss Prozess ausgelegt wurde, ist in Abb. 5.3 dargestellt. Für die geänderte Bauteilherstellung durch das AM, muss das Demonstratorbauteil in der Gestaltung angepasst werden. Hierfür werden die in Abschn. 5.2 beschriebenen Vorgehensweisen exemplarisch angewandt.

Abb. 5.3 Referenzmodell des
Demonstratorbauteils

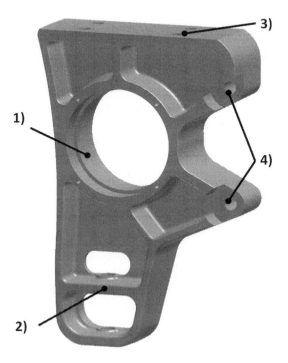

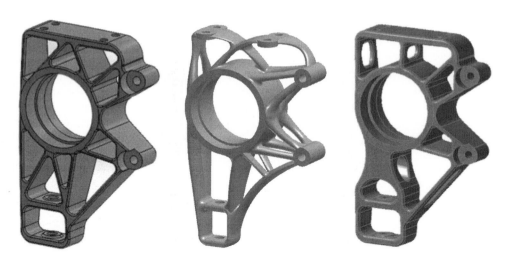

Abb. 5.4 Gestaltungsziele der wirkflächenbasierten Vorgehensweise – kraftflussgerecht (Links), hohe Funktionsintegration (Mitte), Mischform (Rechts)

5.3.1 Wirkflächenbasierte Gestaltung

Bei der wirkflächenbasierten Vorgehensweise werden eingangs die Wirkflächen des Radträgers identifiziert, welche eine Funktion im späteren Bauteil erfüllen. Wie in Abb. 5.3 dargestellt, sind die relevanten Wirkflächen (1) die Aufnahme der Antriebswelle, (2) – (3) Angriffspunkte der Querlenker sowie (4) die Aufnahme der Bremse. Unter Anwendung von Gestaltungsrichtlinien werden Wirkräume zur Verbindung der Wirkflächen generiert.

Durch die Fokussierung verschiedener Gestaltungsziele entstehen gänzlich unterschiedliche Ergebnisse, welche in Abb. 5.4 dargestellt sind. Legt man beispielsweise den Fokus auf eine kraftflussgerechte Gestaltung, so ähnelt das aufgebaute Modell dem Referenzmodell (Abb. 5.4, Links). Fokussiert man eine hohe Funktionsintegration mit minimalem Bauteilgewicht als Gestaltungsziel, entstehen organische Modelle (Abb. 5.4, Mitte). Obwohl beide Resultate denselben Radträger darstellen, sind die entstandenen Ergebnisse gänzlich unterschiedlich. So ist je Anwendungszweck und äußeren Rahmenbedingungen, wie dem Belastungszustand oder den Belastungszyklen, eins der dargestellten Resultate geeigneter.

Die aufgeführten Gestaltungsergebnisse stellen Extrema dar, welche durch das AM gefertigt werden könnten. Für eine praktische Anwendung ist eine Mischform zielführend, welche ein mehrdimensionales Problem abbilden kann, indem Aspekte verschiedener Gestaltungsziele berücksichtigt werden. Abbildung 5.4 (rechts) zeigt eine exemplarische Lösung.

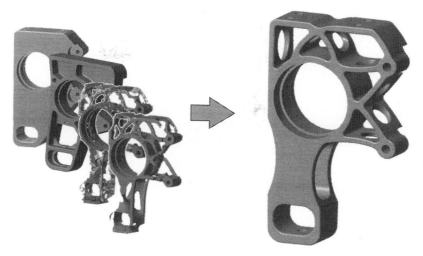

Abb. 5.5 Anwendung der Topologieoptimierung für das Additive Manufacturing

5.3.2 Topologieoptimierte Gestaltung

Die Bauteilgestaltung unter Zuhilfenahme einer rechnergestützten Topologieoptimierung lässt sich, wie in Abb. 5.5 dargestellt, in zwei Phasen unterteilen. In der ersten Phase wird der Gestaltungsraum in der Optimierungssoftware festgelegt und das Optimierungsziel definiert. Relevante Flächen werden mit äußeren Belastungen und Rahmenbedingungen versehen. Die rechnergestützte Optimierung analysiert innere Kräfte und generiert angepasste Materialverteilungen. Im Ergebnis der ersten Phase steht ein Flächenmodell, welches als Mesh (deutsch: „Netz-Oberfläche") die optimale Materialverteilung darstellt.

Inhalt der zweiten Phase ist der Aufbau des 3D Geometrie-Modell. Die Optimierungsergebnisse, als Output der ersten Phase, müssen dafür in ein Volumenmodell überführt werden. Besonders bei komplexen Modellen ist eine automatisierte Schnittstelle für diesen Zwischenschritt nicht vorhanden, sodass die Optimierungsergebnisse durch den Konstrukteur interpretiert und in ein neues Modell überführt werden müssen.

5.3.3 Bionische Gestaltung

Bei der bionischen Bauteilgestaltung ist eine Vielzahl von beliebig komplexen Strukturen denkbar, welche durch die Möglichkeiten des AM nur marginal eingeschränkt werden. Wie in Abb. 5.6 dargestellt, kann beispielsweise die innere Topologie substituiert werden, indem eine Wandstärke die äußeren Konturen des Bauteils definiert sowie im inneren eine Gitterstruktur eingesetzt wird. Die bionische Gestaltung zeichnet sich durch einen ge-

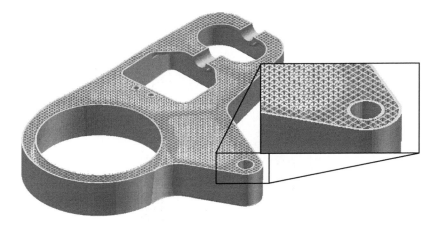

Abb. 5.6 Innere Gitter-Struktur im Demonstratorbauteil

ringen Materialeinsatz bei gleichzeitig guten mechanischen Eigenschaften aus. Analogien aus der Bionik, wie beispielsweise Waben oder die poröse Struktur von Knochen, können bei der bionischen Bauteilgestaltung zielführend angewandt werden.

Ein wichtiger Aspekt, welcher beim Einsatz von Strukturelementen nicht außeracht gelassen werden darf, sind die resultierenden Datenmengen. Diese erfahren weniger eine Limitation durch die CAD-Systeme, als vielmehr durch die Möglichkeiten der Maschinensoftware. Durch komplexe Geometrien kann das Slicen des digitalen Modells oder das Berechnen des Laserwegs die Maschinensoftware an ihre Grenzen bringen. Eine weitere Herausforderung für die Gestaltung nach bionischen Analogien ist die Pulverentfernung. Gerade bei der Substitution der inneren Topologie muss die Mantelflächen selektiv unterbrochen werden, um nach dem Bauprozess überschüssiges Material (z. B. Pulver oder Stützstrukturen) aus dem Bauteilinneren zu entfernen. Auch der Nachbearbeitungsprozess eines bionischen Bauteils muss bei der Gestaltung berücksichtigt werden. Durch den Einsatz von außenliegenden Strukturen ist die Fixierung für eine spanende Nachbearbeitung schwierig zu realisieren. Demzufolge ist das Vorsehen von Spannvorrichtungen an einem Bauteil zu empfehlen.

5.4   Ergebnisse

Aus der Untersuchung für die Gestaltung der Demonstratoren resultieren unterschiedliche Ergebnisse. Dies ist zum einen auf die unterschiedlichen Herangehensweisen zum Aufbau der Demonstratoren zurückzuführen. Zum anderen beeinflusst das festgelegte Gestaltungs- bzw. Optimierungsziel das Ergebnis. Eine Gemeinsamkeit aller Herangehenswei-

Tab. 5.2 Optimierungspotentiale verschiedener Gestaltungsvarianten

Modell	Referenzmodell	Wirkflächenbasiert	Topologieoptimiert
Gewicht	740 g	610 g	600 g
Max. Spannungen (von Mises)	132,5 N/mm^2	80,1 N/mm^2	71,1 N/mm^2

sen ist eine Validierung der CAD-Modelle, sodass eine iterative Überarbeitung resultieren kann. Dabei wird neben den maximalen (von Mises) Vergleichsspannungen das resultierende Gesamtgewicht analysiert. Tabelle 5.2 zeigt die Eigenschaften des wirkflächenbasierten Modells und des topologieoptimierten Modells im Vergleich zum Referenzmodell.

Bei einem Gesamtgewicht von 740 g weist das Referenzmodell eine maximale von Mises Vergleichsspannung von 132,5 N/mm^2 auf. Das Gewicht der beiden Modelle (wirkflächenbasiert und topologieoptimiert), welche für das AM gestaltet wurden, ist mit 600 g und 610 g annähert identisch. Im Vergleich zum Referenzmodell konnte so eine Gewichtsreduktion von ca. 17 % erzielt werden. Die maximalen Vergleichsspannungen sinken bei dem wirkflächenbasierten Modell auf 80,1 N/mm^2 (Reduktion um ca. 39 %) und bei dem topologieoptimierten Modell auf 71,1 N/mm^2 (Reduktion um ca. 46 %). Wie aus Tab. 5.2 ersichtlich, weist das topologieoptimierte Modell zudem eine homogenere Spannungsverteilung auf.

Vergleicht man das wirkflächenbasierte und das topologieoptimierte Modell, so lässt sich ein Gewichtsunterschied von 1,5 % und eine ca. 11 % geringere von Mises Maximalspannung des topologieoptimierten Modells erkennen. Nutzt man diese Erkenntnisse für eine weitere Optimierungsschleife, indem die Topologieoptimierung als Optimierungsziel eine maximale Vergleichsspannung von 80 N/mm^2 erreichen darf, so würde sich das Gesamtgewicht weiter reduzieren.

5.5   Zusammenfassung und Ausblick

Bedingt durch die Möglichkeiten des AM entstehen neue Potentiale für die Bauteilgestaltung, sodass konventionelle Gestaltungsrestriktionen nicht länger gültig sind. Jedoch
müssen geänderte Anforderungen durch das Bauteil erfüllt und neue Restriktion der
Maschine und des Prozesses berücksichtigt werden.

Zur restriktionsgerechten Bauteilgestaltung für das AM konnten drei Vorgehensweisen
identifiziert werden. Bei der wirkflächenbasierten Bauteilgestaltung wird unter Zuhilfenahme von Gestaltungsrichtlinien ein CAD-Geometriemodell aufgebaut. Die Gestaltung
mit Hilfe der Topologieoptimierung liefert Optimierungsergebnisse, welche in ein CAD-
Geometriemodell überführt werden. Bei der bionischen Gestaltung werden Analogien aus
der Natur in das Bauteil transferiert. Anhand des Vergleichs der Entwicklungsergebnisse
wurde das Potential der gestalteten Radträger (*Topologieoptimiertes Modell siehe
Abb. 5.7*) gegenüber einem Referenzmodell betrachtet.

Für die Bauteilgestaltung, unabhängig des gewählten Gestaltungsansatzes, müssen
Prozess- und Maschinenrestriktionen berücksichtigt werden. Diese sind in Form von
Gestaltungsrichtlinien vorhanden. Die Herausforderung unter Zuhilfenahme solcher
Richtlinien ist die Reihenfolge der Anwendung. Durch die Komplexität entstehen Inter-
dependenzen, sodass Attribute sich gegenseitig ausschließen. Die Reihenfolge der
Anwendung hat somit eine maßgebliche Auswirkung auf die Bauteilgestaltung.

Durch die Gestaltungsmöglichkeiten kann ein Bauteil im AM für den Ultra-Leichtbau
ausgelegt werden. Dafür ist eine Gewichtsreduktion – in Abhängigkeit des gewählten
Gestaltungsansatzes – im Vergleich zu konventionellen Verfahren (z. B. Fräsen oder
Feinguss) von ca. 5–10 % realistisch.

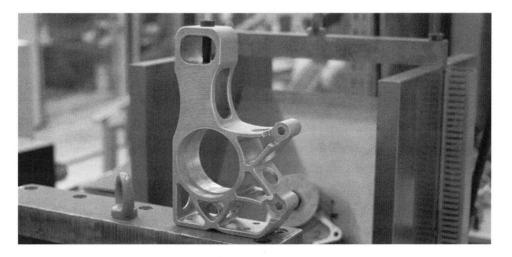

Abb. 5.7 Topologieoptimierter Radträger, gefertigt im Selektiven Laserstrahlschmelzen

Für eine reproduzierbare und praxistaugliche Anwendung des AM ist eine rechnergestützte Entwicklungsumgebung notwendig. Diese beschreibt ein Vorgehensmodell zur Konstruktion von AM Bauteilen, welches auf bestehendem Konstruktionswissen basiert. Neben einem Prozessmodell, welches eine einheitliche Vorgehensweise ermöglicht, werden passende Werkzeuge beschrieben. Relevante Werkzeuge sind die Identifikation geeigneter Bauteile, die Auswahl eines DfAM Ansatzes sowie die Berücksichtigung von Maschinen- und Prozessrestriktionen in Form von Gestaltungsrichtlinien. Für eine Adaption des AM, als technologisch ausgereiftes Fertigungsverfahren, müssen weiterhin geeignete Methoden zur rechnergestützte Validierung der 3D-Geometriemodelle bereits in frühen Entwicklungsphasen ermöglicht werden. Dabei ist ein herausfordernder Aspekt, die Zuverlässigkeit von AM Bauteilen frühzeitig abzuschätzen. Grade beim Einsatz bionischer Strukturen sind Validierungsaspekte teilweise unklar.

Literatur

1. Deutsche Industrie Norm (DIN) 8580 (2003) Fertigungsverfahren – Begriffe und Einteilung. Deutschland, September 2003
2. Lachmayer R, Gottwald P, Gembarski P, Lippert B (2015) The potential of product customization using technologies of additive manufacturing. In: EingereichtWorld conference on mass customization, personalization and co-creation. Montréal, Oktober 2015
3. Schmid M (2014) Zukunftstechnologie Additive Manufacturing: AM auf dem Weg in die Produktion. inspire AG; KunststoffXTRA. St. Gallen, September 2014
4. Lachmayer R, Gottwald P, Lippert B (2015) Approach for a comparatively evaluation of the sustainability for additive manufactured aluminum components. In: International conference for engineering design, Mailand, Juli 2015
5. Holzbauer U (2007) Entwicklungsmanagement – Mit hervorragenden Produkten zum Markterfolg. Springer Verlag, Berlin/Heidelberg
6. Adam G.A.O., Zimmer D (2013) Design for additive manufacturing – element transitions and aggregated structures. CIRP Journal of Manufacturing Science and Technology, 7(1):20–28, Paderborn
7. Kranz J, Herzog D, Emmelmann C (2015) Design guidelines for laser additive manufacturing of lightweight structures in TiAl6V4. J Laser Appl 27(S1):S14001
8. VDI-Gesellschaft Produktion und Logistik (2015) VDI 3405 Blatt 3: Additive Fertigungsverfahren – Konstruktionsempfehlungen für die Bauteilfertigung mit Laser-Sinter und Laser-Strahlschmelzen. VDI-Handbuch, Berlin
9. Schumacher A (2013) Optimierung mechanischer Strukturen – Grundlagen und industrielle Anwendung. Springer Vieweg, Berlin/Heidelberg

Rapid Repair hochwertiger Investitionsgüter

6

Yousif Zghair

Das vorliegende Kapitel zeigt Untersuchungen eines entwickelten Reparaturverfahrens von Aluminiumbauteilen. Dieses basiert auf dem Selektiven Laserstrahlschmelzen. Das dargestellte Reparaturverfahren, das sog. Rapid Repair, wird auf Basis einiger Demonstratoren untersucht und Aspekte der Validierung hervorgehoben. Weiterhin werden Anwendungsbereiche definiert, welche neben der Reparatur von bestehenden Komponenten, vor allem in der Herstellung von Hohlteilen zu finden ist. Bei der Herstellung von Hohlteilen ergibt sich dadurch das Potential, die innere Bauteiltopologie durch Strukturelemente zu ergänzen.

Basierend auf unterschiedlichen Case Studies werden die Einsatzmöglichkeiten weiter analysiert. Neben der Beschreibung mechanischer und struktureller Eigenschaften, wird weiterhin die Auswirkung der Positionierung der Bauteile im Bauraum untersucht. Ein abschließendes Fazit zeigt die Einsatzpotentiale des Rapid Repairs auf.

6.1 Einleitung

Herstellungsprozesse müssen neue, kundenindividuelle Produkte schnell und kosteneffizient liefern. Gießen, Schmieden, Extrusion und Pulvermetallurgie werden als die traditionellen Herstellungsprozesse bezeichnet. *Additive Manufacturing* (AM) gilt hingegen als eines der modernsten Verfahren. Es ermöglicht die Herstellung von Produkten mit kurzen Markteinführungszeiten, endkonturnahen Geometrien, einer hohen Materialnutzungsrate sowie einer hohen Flexibilität in der Herstellung. Weiterhin ermöglicht das AM

Y. Zghair (✉)
Institut für Produktentwicklung und Gerätebau (IPeG), Hannover, Deutschland
E-Mail: zghair@ipeg.uni-hannover.de

© Springer-Verlag Berlin Heidelberg 2016
R. Lachmayer et al. (Hrsg.), *3D-Druck beleuchtet*,
DOI 10.1007/978-3-662-49056-3_6

eine geometrische Freiheit der Bauteilgestaltung, welche bei anderen Fertigungsverfahren nur mit großem Mehraufwand zu bewerkstelligen sind [1].

Neben den zahlreichen AM Verfahren, wie dem Selektiven Lasersintern oder der Stereolithographie, ist besonders das *Selektive Laserstrahlschmelzen* (*SLM*) zu einem der vielversprechendsten AM Verfahren geworden. Dieses ermöglicht die flexible Herstellung von Metallobjekten mit definierter Struktur, Form und komplexen Geometrien auf Grundlage virtueller 3D-Modelldaten [2]. Weiterhin wird die Bearbeitung einer breiten Palette von Materialien mit hoher Genauigkeit sowie die zeit- und kosteneffektiv Herstellung komplexer Geometrien ermöglicht.

Für Forschung und Industrie ist die Verlängerung der Lebensdauer von Verschleißteilen oder die Modifizierung von Bauteilen durch wissenschaftliche Experimente von großem Interesse. Komponenten leiden normalerweise während des Lebenszyklus unter Verschleiß, Verformung, Defekten und Rissen. Je nach Anwendungsfall kann es kosteneffizienter und auch zeitsparender sein, die Komponente zu reparieren als in ihrer Gesamtheit auszutauschen. Der Reparaturvorgang wird mit komplexeren Geometrien speziell für die Luft- und Raumfahrtkomponenten komplizierter. Traditionelle Reparaturmethoden können diese Herausforderungen nicht bewältigen.

Die Einführung des *Rapid Repair* (*RR*), als Anwendung des AM, ist ein Lösungsansatz, um die Problematik zur Reperatur hochwertiger Investitionsgüter anzugehen. *Siemens* und *General Electric* sind Beispiele für Unternehmen, die diese Technologie bereits anwenden, indem Reparaturen an Turbinen mittels dem SLM Verfahren durchgeführt werden. RR kann als additiver Herstellungsprozess für Rekonstruktionen und Modifizierungen bereits gefertigter Komponenten definiert werden. *Huan Qi* [3] verwendet auf Grund der Vorteile einer feiner Mikrostrukturen, kleiner Wärmeeinflusszonen und guten Materialeigenschaften eine auf Laser-Powder-Deposition basierte Methode namens *Laser Net Shape Manufacturing* (*LNSM*) zur Reparatur von Turbinenschaufeln.

Eine maßgebliche Herausforderung des RR ist die Trennung des Materialpulver und des Bauteilinneren, sodass kein Pulver im Hohlraum eines Bauteils verbleibt. Um dies zu ermöglichen, müssen Hohlteile in zwei Stufen hergestellt werden. Eine weitere Herausforderung ist die Anbindung des SLM hergestellten Bauteils mit dem Grundkörper. Als grundlegende Idee, sollte ein Körper direkt aus einem 3D Geometriemodell auf eine vorhandene Komponente aufgebaut werden. Daraus ergibt sich die Möglichkeit, Komponenten und Teile nach einem Vorbereitungsschritt zu reparieren und zu modifizieren.

6.2   Stand der Technik

6.2.1   Bindungsmechanismen im SLS/SLM

Kruth et al. [4] zeigt, dass das selektives Lasersintern (SLS) und Strahlschmelzen (SLM) entsprechend dem Bindungsmechanismus in vier Kategorien eingeteilt werden kann.

Solid State Sintering

Solid State Sintering (SSS) ist ein thermisches Verfahren im Temperaturbereich zwischen $T_{Melt} / 2$ und T_{Melt}, wobei T_{Melt} die Schmelztemperatur des Materials darstellt. Dieser Prozess beinhaltet die sogenannte Halsbildung (engl. „neck formation") zwischen benachbarten Pulverpartikeln. Dies bedeutet, dass beim Aufschmelzen zweier Pulverteilchen ein abgerundeter Übergangsbereich entsteht. Die Halsgröße hängt dabei von der frei werdenden Energie zwischen den Wachstumspartikeln ab [4].

Chemische induzierte Bindung

Bei diesem Prozess interagiert der Laser mit dem Material ohne die Verwendung von Binde-elementen. SiC-Teile z. B. bestehen aus dem Bindemittel $SiO2$ und dem Material SiC. Durch hohe Temperaturen zerfallen SiC-Teile in Si und C. Das freiwerdende Si reagiert mit Sauerstoff zu $SiO2$. Analog entsteht AIN Bindemittel, wenn Al mit N2 zusammengeführt wird [4].

Liquid Phase Sintering – Teilschmelze

In dieser Kategorie sind verschiedene Technologien enthalten, welche ein Struktur- und ein Bindematerial kombinieren. Dabei können zwei Gruppen unterschieden werden. Diese sind abhängig von der Unterscheidung zwischen Struktur- und Bindematerial [4].

Verschiedene Binde- und Strukturmaterialien. Diese können entsprechend der verwendeten Pulverkörner weiter klassifiziert werden [4]:

- Separate Körner: Gemisch aus Binde- und Strukturmaterial. Die Körner des Bindemittels sind in der Regel kleiner als die der Struktur. Während des SLM-Prozesses bewirkt die Ausbreitung des flüssigen Bindemittels durch die Kapillarkraft eine Umverteilung der Partikel. Nach diesem Prozess ist eine Nachbehandlung erforderlich (siehe Abb. 6.1a).
- Verbundkörner: Jedes Pulverkorn besteht sowohl aus Bindemittel als auch Strukturmaterial. In diesem Prozess gefertigte Gegenstände haben eine bessere Dichte und Oberflächenrauheit als der Vorherige (siehe Abb. 6.1b).
- Beschichtete Körner: Die Strukturkörner sind mit Bindepartikeln beschichtet. Das Bindemittel schmilzt vor dem Strukturmaterial (siehe Abb. 6.1c).

Gleiches Struktur- und Bindematerial [4]:

- Einphasig, teilweise geschmolzen: Reines Pulvermaterial wird in einem Prozess teilweise aufgeschmolzen. Nur der äußere Rand der Körner wird geschmolzen, der Kern bleibt unberührt (siehe Abb. 6.1d).
- Geschmolzene Pulvermischung: Pulvergemisch wird in einem Prozess teilweise aufgeschmolzen, sofern nicht alle Pulverkörner während des Sinterns geschmolzen sind. EOS DMLS gehören zu dieser Kategorie (siehe Abb. 6.1e).

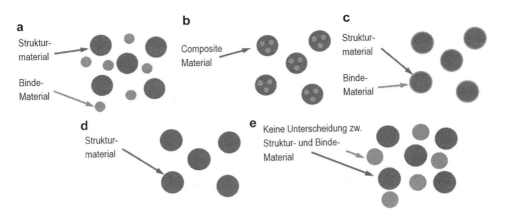

Abb. 6.1 Pulvertypen beim Selektiven Laserstrahlschmelzen (**a**) Separate Körner (**b**) Verbund-körner (**c**) Beschichtete Körner (**d**) Einphasig, teilweise geschmolzen (**e**) Geschmolzene Pulver-mischung

Vollständige Schmelze

In diesem Prozess werden Gegenstände mit sehr hoher Dichte hergestellt, deren mechanischen Eigenschaften mit denen des Grundmaterials vergleichbar sind [5]. Dieser Prozess kann für reine Komponenten – reines Pulvermaterial, reine Komponenten – legiertes Pulver und für geschmolzene Pulvermischungen angewandt werden.

6.2.2 Prozessvariablen

Der AM Prozess ist von vielen Parametern und Materialvariablen abhängig, welche die Verarbeitung und Verdichtung der gesinterten Teile beeinflussen. Diese Parameter haben eine direkte Auswirkung auf die Bauteilgeometrie, -größe und -dichte sowie auf die Verteilung der Poren innerhalb einer Komponente. Diese Informationen sind bei der Entwicklung von Strategien zur Verringerung von Schäden, insbesondere von Poren und deren Lokation, relevant. Dabei spielen Poren eine besondere Rolle, da sie die Dichte des Bauteils verringern. Besonders kritisch sind Poren nahe der Bauteiloberfläche aufgrund möglicher Frakturen. Ein gutes Verständnis der Zusammenhänge der Parameter hilft, Bauteile mit wenigen Poren herzustellen. Tabelle 6.1 zeigt eine Liste unterschiedlicher Prozessparameter und Materialvariablen in Abhängigkeit unterschiedlicher Materialwerte und Maschinenleistungen [1, 5–8].

Die Laserleistung kann durch den Laserenergieeintrag ψ berechnet werden [9, 10]. Dabei wird das Verhältnis der Laserleistung P [W], der Scan-Geschwindigkeit u [mm/s], dem Scan-Abstand h [mm] und der Schichtdicke d [mm] berechnet.

Tab. 6.1 Material und Prozesseinflussparameter im SLS und SLM

Parameter	Wert	Effekt
Laserleistung	Von 20 bis 400 Watt (Abhängig vom Maschinentyp)	12–16 J/mm^2 berücksichtigt die Grenzwerte SLS/SLM
Lasertyp	Co2, lamp or diode pumped, disk or fiber	
Scan-Geschwindigkeit	20–1500 mm/sec	Prozessgeschwindigkeit und Verklumpung des Pulvers
Scan-Abstand	0,1/0,15/0,2 mm (Abhängig vom Pulvermaterial)	Prozessgeschwindigkeit, geschmolzene/ nicht geschmolze Bereiche
Scan-Strategie	Sky writing, hatch pattern, up-skin und down-skin	Dichte und Oberflächenhärte
Schichtdicke	20–150 µm	Keine Haftung zwischen den Schichten bei zu großer Schichtdicke
Sportgröße	0,1–0,25 mm	
Pulverkorngröße	20–75 µm	Auswirkung auf Porosität
Verteilung	Schaber/Roller	
Pulver-eigenschaften	Thermische Ausdehnung, Oxidgehalt, Laserabsorption, chemische Eigenschaften, Zusammensetzung, Oberflächenspannung, Viskosität, Fließfähigkeit, Wärmeleitung	Poren, mechanische Eigenschaften
Atmosphäre	Argon (Ar)/Nitrogen (N2)	Chemische Reaktion
Pre-Prozess	Vorheizen der Plattform oder kein Vorheizen	Verringert Luftfeuchtigkeit und Sinterteilspannung
Post-Prozess	Wärmebehandlung, isostatisches Heißpressen	Reduzierung des Restspannungen, Erhöhung der Bauteildichte und Verbesserung der mechanischen Eigenschaften
Oberflächen-zustand	Sandstrahlen, Spanen	Reduzierung des Restspannungen, Erhöhung der Bauteildichte und Verbesserung der mechanischen Eigenschaften

$$\Psi = P / (u * h)$$

$$\Psi = P / (u * h * d)$$

Die obigen zwei Gleichungen ergeben die Laserdichte pro Fläche [J/mm^2] und Volumen [J/mm^3]. Dabei korreliert der lokale Volumenwärmeeintrag mit der Scan Geschwindigkeit, der Kraft sowie dem Offset zwischen den Schmelzwegen. Eine Erhöhung der Laserleistung und einer Verringerung der Verfahrensgeschwindigkeit resultiert beispiels-

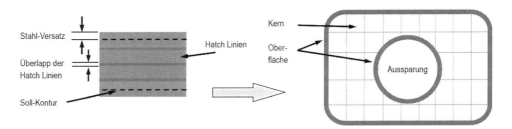

Abb. 6.2 Belichtungsstrategien

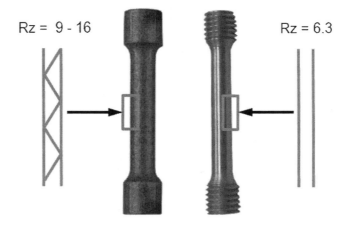

Abb. 6.3 Unbearbeitete (links) und nachbearbeitete (rechts) SLM Zugprobe

weise in einer hohen Bauteildichte [10]. Beides erhöht jedoch die Verklumpung des
Pulvers. Die verwendete Schmelz- oder Scanstrategie hat auch Auswirkungen auf die
Menge an Energie, die durch den Laser auf jede Schicht gebracht wird. Der Durchmesser
der Schmelzzone ist in der Regel größer als der Laserspotdurchmesser. Wie in Abb. 6.2
dargestellt, wird deshalb ein Offset-Korrekturwert eingeführt, sodass die Bauteilkontur
dem CAD-Modell entspricht [11].

Die im SLM hergestellte Probe wird in Abb. 6.3 dargestellt. Es wird eine unbearbeitete
und eine nachbearbeitete Probe dargestellt. Aufgrund der Wirkung von Temperaturände-
rungen während des Sinterverfahrens können SLM Bauteile Schwachstellen, wie beispielsweise Lunker, Risse oder Verzerrungen, aufweisen [12]. Die Oberflächenrauheit der
unbearbeiteten Probe, welche schematisch in Abb. 6.3 dargestellt wird, hat einen großen
Einfluss auf die Rissbildung und somit auf das daraus resultierende Bauteileversagen. Um
die mechanischen Eigenschaften des Bauteils zu verbessern, müssen demnach die Oberflächen des Bauteiles nachbearbeitet werden. Durch Sandstrahlen (mit einem Druck von 8
bar) kann somit die Oberflächenrauheit um bis zu 85 % reduziert werden. [11]

6.3   Case-study

In den beschriebenen Case-Studies wurde die Legierung AlSi10Mg für den SLM Prozess, sowie die Legierung AlSi7Mg für den Gussprozess verwendet. Vollständige Angaben zu der Legierungsspezifikation im SLM Prozess können dem von EOS bereitgestellten Materialdatenblatt entnommen werden [13, 14].

6.3.1   Grundlegende Untersuchungen

Als grundlegende Untersuchung werden Zugproben, welche im Rapid Repair Verfahren hergestellt werden, untersucht. Dafür wird eingangs eine halbe Probe nach DIN 50125-Standards als CAD-Modell vorbereitet. Die Plattform in der Maschine wird bis zu 200 °C erhizt, die Kammer mit Stickstoffgas gefüllt und Maschinenparameter auf „als Körper bauen" eingestellt. Der Bau-Prozess der SLM-Maschine wird anschließend gestartet. Es wird zuerst ein Satz von vier vollständigen Proben mit verschiedenen Ausrichtungen erzeugt, wie in Abb. 6.4a zu sehen. Damit können später die unterschiedlichen mechanischen Eigenschaften je nach Bauposition getestet werden. Nach dem Bauprozess wird ein weiterer mit halb so langen Proben gestartet. Dieser wird mit der gleichen Ausrichtung der Teile durchgeführt. Nach dem Bauprozess der Halbproben, werden diese bearbeitet, vorbereitet und erneut auf der Plattform der SLM-Maschine für den zweiten Fertigungsschritt befestigt. In diesem werden die Proben nur in z-Richtung weiter aufgebaut. Das bedeutet, es gibt vier Baukombinationen der Proben (x-z, y-z, xy-z, and z-z). Die Laserparameter sind auf die erste Druckschicht konfiguriert, da im Prozess normalerweise direkt auf die Plattform gefertigt wird (in diesem Fall auf die Oberfläche der Halbproben). Wie in Abb. 6.4b dargestellt, werden keine Stützstrukturen verwendet. Nachdem der

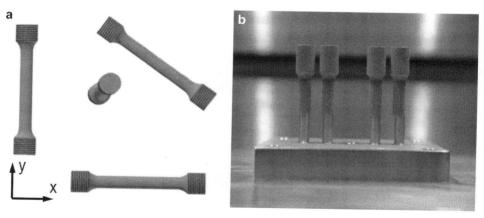

Abb. 6.4 Rapid Repair der Zugproben – (**a**) Räumlich Angeordnete 3D-Geometriemodelle (**b**) Hybride Zugproben nach dem Bauprozess

zweite Bauprozess abgeschlossen ist, werden die Proben auf die endgültige Länge gebracht und sind anschließend bereit für den Zugversuch.

6.3.2   Case study: Hohlwürfel

In der Fallstudie soll ein Hohlkörper mittels SLM-Technologie auf der beschriebenen EOS-Maschine gesintert werden. Die Herausforderung ist dabei, das Pulver während des Fertigungsprozesses aus dem Inneren des Würfels zu halten. Damit dies möglich ist, wird der Prozess in zwei Phasen aufgeteilt: Zuerst wird der Würfel mit einer offenen Seite gedruckt. Nach der Entfernung des Pulvers wird die fehlende Seite oben aufgesetzt. Die Vorbereitungen beginnen mit der Erstellung des CAD-Modells eines Würfels, der nach oben offen ist. Die Maschine wird auf 200 °C erhitzt und die Kammer mit Stickstoffgas gefüllt. Die Maschinenparameter werden auf die Einstellung „direct part" gestellt. Die Laserleistung liegt bei 370 Watt, die Scann-Geschwindigkeit bei 1300 mm/s, der Offset bei 0,19, Laserspot bei 0,02 und die Streifenüberlappung bei 0,02. Wie in Abb. 6.5a

Abb. 6.5 Rapid Repair des Hohlwürfels – (**a**) Herstellung der Grundform (**b**) Einsetzen eines Deckels (**c**) Schnittmodel nach Bauprozess

gezeigt, wird der Würfel nach dem ersten Sinterprozess der Maschine entnommen und von Innen gereinigt.

Auf der Würfeloberseite wird eine passende Aluminiumplatte aufgesetzt, wie in Abb. 6.5b dargestellt. Dieser Arbeitsschritt verhindert, dass im Rapid Repair das Pulver in das Würfelinnere eindringt. Der Würfel wird dann erneut in der EOS-Maschine fixiert, der Bauraum mit Pulver gefüllt und der Fertigungsprozess der oberen Fläche des Würfels gestartet. Zur Veranschaulichung wird der verschlossene Würfel an der Seite aufgeschnitten. Der entstandene Hohlraum ist in Abb. 6.5c zu erkennen.

6.3.3 Case study: Radträger

In dieser Fallstudie wird ein Verfahren zur Reparatur von defekten Teilen mittels SLM-Technik erläutert. Es basiert auf dem Aufbau von Körpern aus 3D-Modellen, um Teile zu ersetzen oder zu ändern. Als Demonstratorbauteil wird im Folgenden ein Radträger aus einer gegossenen Aluminiumlegierung untersucht. Ausgangsbasis ist ein defektes Modell, welches infolge einer Überbeanspruchung gebrochen ist. Dieses ist in Abb. 6.6a dargestellt.

Für das RR wird eine ebene Oberfläche benötigt. Deshalb wird die obere Seite des defekten Radträgers spanend nachbearbeitet, Abb. 6.6b. Anschließend wird der Radträger in der SLM-Maschine fixiert und von dünn aufzutragenden Pulverschichten umgeben. Nach der Vorbereitung des CAD-Modells des fehlenden Stückes wird die Maschine erhitzt und Schutzgas eingefüllt. Die verwendeten Prozessparameter sind in Tab. 6.2 aufgelistet.

Nach dem RR des Demonstratorbauteils, wird der reparierte Radträger aus der Prozesskammer entnommen. Wie in Abb. 6.7a, ist das Modell mit Stützstrukturen noch nicht fertig. In einem weiteren Nachbearbeitungsschritt wird die Oberfläche Sandgestrahlt, die Supportstrukturen mechanisch entfernt sowie einige Details manuell nachbearbeitet. Die resultierende Kontaktfläche ist in Abb. 6.7b. dargestellt.

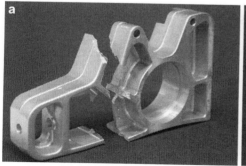 

Abb. 6.6 Radträgers vor Rapid Repair – (a) Defektes Bauteil (b) Nachbearbeitung der Bruchzone

Tab. 6.2 Prozessparameter des SLM Radträgers

	Laserleistung [W]	Scan-Geschwindigkeit [mm/s]	Distanz [mm]	Streifenüberlappung [mm]
Erste Schicht auf Oberfläche	370	1100	0,19	0,02
Weitere Schichten	370	775	0,12	0,03
Streifen	370	1300	0,19	0,02

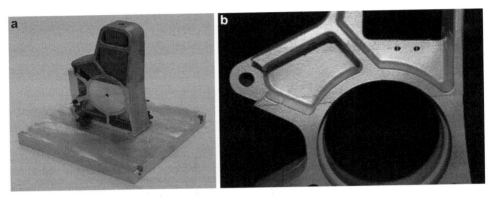

Abb. 6.7 Radträgers nach Rapid Repair – (**a**) Bauteil mit Stützstrukturen (**b**) Detailaufnahme der Kontaktfläche nach der Bauteilnachbearbeitung

In einem nächsten Schritt soll der reparierte Radträger auf einem dynamischen Prüfstand unter Dauerbelastung untersucht werden. Die daraus erlangten Ergebnisse geben weiteres Wissen über die Zuverlässigkeit der Materialverbindung.

6.4   Ergebnisse

Abschließend werden die Kontaktflächen des Rapid Repair auf mikroskopischer Ebene betrachtet. Dafür werden die Übergangszonen zwischen den Materialien untersucht. Dabei wird zwischen einer SLM – SLM Kontaktfläche sowie einer Guss – SLM Kontaktfläche unterschieden. Für den ersten Fall, die SLM – SLM Kontaktfläche, zeigt sich eine Homogenität zwischen den beiden Materialien. Wie in Abb. 6.8 dargestellt, kann auf mikroskopischer Ebene kein Übergangsbereich identifiziert werden.

Bei dem zweiten Fall, also der Guss – SLM Kontaktfläche, kann hingegen die Übergangszone leicht identifiziert werden. Wie in Abb. 6.9 Dargestellt, ist hat der Laser im SLM Verfahren das ursprünglich gegossene Material aufgeschmolzen. In diesem Bereich geht das geschmolzene Pulver mit der gegossenen Legierung einher. Die Farbdifferenzierung der Materialien, ist auf die unterschiedlichen Aluminiumlegierungen des Guss-

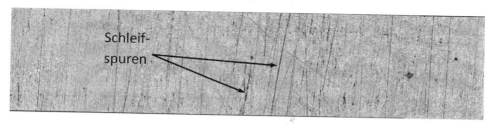

Abb. 6.8 Mikroskopische Darstellung der Übergangszone bei einer SLM – SLM Kontaktfläche

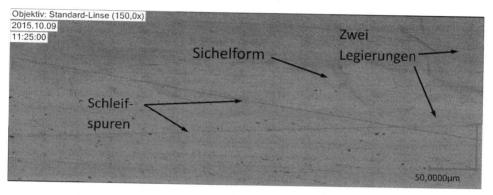

Abb. 6.9 Mikroskopische Darstellung der Übergangszone bei einer Guss – SLM Kontaktfläche

und des SLM-Materials zurückzuführen. Weiterhin ist erkennbar, dass die Geometrie der vom Laser aufgeschmolzenen Bereiche eine Sichelkontor hat.

6.5   Ausblick

EOS bietet die Möglichkeit eine additive Ergänzung von konfektionierten Bauteilen vorzunehmen. Dadurch können sowohl eine hohe wirtschaftliche Effizient als auch die Kombination von zwei Materialien erreicht werden. Wie die Untersuchungen gezeigt haben, ist eine Vielzahl von Einflussparametern auf den Bauprozess vorhanden. Durch die Einstellung dieser Werte werden die Resultate des RR maßgeblich beeinflusst.

In der ersten Case-Study, dem RR eines Radträgers, wird die Möglichkeit der Reparatur von hochwertigen Investitionsgütern gezeigt. Somit kann die Notwendigkeit des Einsatzes von Ersatzteilen reduziert werden. Neben organisatorischen Vorteilen können dadurch ebenfalls Zeit und Kosten eingespart werden. Weiterhin zeigt die erste Case-Study die Möglichkeit zur Modifizierung von Geometrien. Durch die Entfernung von Teilen einer Komponente und der anschließenden Substitution mit einer angepassten RR Geometrie kann der Bauteilausschluss, grade bei hochwertigen Gütern, maßgeblich verringert werden. Diese Chancen ermöglichen in der Zukunft die Anpassung der Gestaltungsparameter von defekten Teilen.

Das RR muss für eine industrielle (Serien-) Anwendung weiter untersucht werden. Besonderer Fokus liegt dabei auf der Kontaktflächen zwischen bestehendem und neuaufgebautem Material. Hierbei müssen die Auswirkungen der aufgeführten Einflussparameter, wie beispielsweise der Einstellung von Laserparametern oder die Veränderung der Prozessatmosphäre, untersucht werden.

Durch die Substitution der inneren Topologie konnte in dem dargestellten Beispiel eine Gewichtsreduktion von rund 30 % erzielt werden. Neben der reinen Gewichtsoptimierung muss zukünftig eine explizite Betrachtung der resultierenden mechanischen Eigenschaften des Bauteils (Innere Spannungen, Dauerfestigkeit, etc.) erfolgen.

Literatur

1. Olakanmia EO, Cochranea RF, Dalgarnoc KW (2015) A review on selective laser sintering/melting (SLS/SLM) of aluminium alloy powders: processing, microstructure, and properties. Progress in Materials Science, 20.846 Journal citation reports 2008; Mai 2015
2. Capello E, Colombo D, Previtali B (2005) Repairing of sintered tools using laser cladding by wire. J Mater Process Technol 164–165(2005):990–1000
3. Qi H, Azer M, Singh P (2009) Adaptive toolpath deposition method for laser net shape manufacturing and repair of turbine compressor airfoils. Int J Adv Manuf Technol, (2010) 48:121–131; August 2009
4. Kruth J-P, Mercelis P, Van Vaerenbergh J (2005) Binding mechanisms in selective laser sintering and selective laser melting. Rapid Prototyping Journal, Vol. 11 Iss 1 pp. 26–36; 2005
5. Murali K, Chatterjee AN, Saha P, Palai R, Kumar S, Roy SK, Mishra PK, Roy Choudhury A (2003) Direct selective laser sintering of iron–graphite powder mixture. J Mater Process Technol 136(2003):179–185
6. Agarwala M, Bourell D, Beaman J, Marcus H, Barlow J (1995) Direct selective laser sintering of metals. Rapid Prototyp J 1(1):26–36
7. Simchi A, Pohl H (2004) Direct laser sintering of iron–graphite powder mixture. Mater Sci Eng A 383(2004):191–200
8. Simchi A, Pohl H (1995) Effects of laser sintering processing parameters on the microstructure and densification of iron powder. Rapid Prototyp J 1(1):26–36
9. Olakanmi EO (2013) Selective laser sintering/melting (SLS/SLM) of pure Al, Al–Mg, and Al–Si powders: effect of processing conditions and powder properties. Journal of Materials Processing Technology, 213(2013):1387–1405; March 2013
10. Tammas-Williams, S.; Zhao, H.; Léonard, F.; Derguti, F.; Todd, I.; Prangnell, P.B.: "XCT analysis of the influence of melt strategies on defect population in Ti–6Al–4V components manufactured by Selective Electron Beam Melting"; in Materials Characterization, 102(2015): 47–61; February 2015
11. Manfredi D, Calignano F, Krishnan M, Canali R, Ambrosio EP, Biamino S, Ugues D, Pavese M, Fino P (2014) Additive manufacturing of Al alloys and aluminium matrix composites (AMCs), light metal alloys applications, Monteiro WA (Hrsg), ISBN: 978-953-51-1588-5, InTech, DOI: 10.5772/58534. http://www.intechopen.com/books/light-metal-alloys-applications/additive-manufacturing-of-al-alloys-and-aluminium-matrix-composites-amcs-

12. Kasperovich G, Hausmann J (2015) Improvement of fatigue resistance and ductility of TiAl6V4 processedby selective laser melting. Journal of Materials Processing Technology, 220(2015):202–214; February 2015
13. Material data sheet for Aluminium AlSi10Mg (2011) EOS GmbH – Electro optical systems. May 2011
14. Technical Description for EOSINT M 280, December 2010

Das Potential der Produktindividualisierung

7

Paul Christoph Gembarski

Der vorliegende Beitrag stellt dar, inwieweit Verfahren des Additive Manufacturing für die Individualisierung von Produkten eingesetzt werden können. Als Geschäftsmodell wird hierfür die kundenindividuelle Massenfertigung vorgestellt, bei der variable, durch den Kunden ggf. mitentwickelte Produkte durch stabile und flexible Fertigungsverfahren mit der Effizienz der Massenproduktion hergestellt werden können. Innerhalb des Geschäftsmodells werden grundsätzliche Formen der Individualisierung vorgestellt und auf ihr Anwendungspotenzial für Additive Manufacturing untersucht. Am Beispiel einer individualisierbaren Teemaschine wird das identifizierte Rahmenwerk näher erläutert und die Umsetzung des kundenbasierten Co-Design-Prozesses mit dem Rechnerwerkzeug des Konstruktionskonfigurators visualisiert.

7.1 Einleitung

Um in den heutigen globalisierten und heterogenen Märkten im Wettbewerb bestehen zu können, müssen Anbieter technischer Erzeugnisse ihr Angebot entsprechend einer großer Bandbreite an Kundenbedürfnissen differenzieren. Es ist dabei allgemein anerkannt, dass die vom Kunden wahrgenommene und zum Teil auch geforderte Vielfalt mit einem Minimum an organisatorischem Aufwand bereitgestellt werden soll. Gerade die Bewältigung dieser Komplexität von der Auftragsakquise, über die Produktentwicklung bis hin zu Fertigung und Distribution ist ein kritischer Erfolgsfaktor.

Die Kundenindividuelle Massenfertigung hat, aus dieser Perspektive gesehen, die Eigenschaft, den ursprünglichen Widerspruch zwischen Vielfalt des Produktangebots

P.C. Gembarski (✉)
Institut für Produktentwicklung und Gerätebau (IPeG), Hannover, Deutschland
E-Mail: gembarski@ipeg.uni-hannover.de

© Springer-Verlag Berlin Heidelberg 2016
R. Lachmayer et al. (Hrsg.), *3D-Druck beleuchtet*,
DOI 10.1007/978-3-662-49056-3_7

auf der einen Seite und dem stabilen und effizienten Produktionsprozess auf der anderen Seite, aufzulösen. In diesem Zusammenhang bieten die Fertigungsverfahren des Additive Manufacturing neue Potenziale für die Individualisierung.

Im folgenden Abschn. 7.2 wird zunächst dargelegt, wie der Unternehmenstyp „kundenindividueller Massenfertiger" beschaffen ist und welche Formen der Individualisierung voneinander unterschieden werden können. Darauf aufbauend wird in Abschn. 7.3 das Anwendungspotenzial für Additive Manufacturing beleuchtet und anhand eines Anwendungsbeispiels in 7.4 visualisiert. Abschnitt 7.5 fasst den Beitrag zusammen und stellt weitergehende Fragestellungen vor.

7.2   Kundenindividuelle Massenfertigung

Der Begriff der kundenindividuellen Massenfertigung (im Englischen „mass customization", nachfolgend mit MC abgekürzt) wurde Ende der 1980er-Jahre von Davis [1] eingeführt und danach durch Boynton, Victor und Pine weitergehend als die Fähigkeit charakterisiert, individualisierbare Produkte mit der Effizienz der Produktionstechnologien für Massenproduktion anbieten zu können [2]. Zum einen resultiert diese Sichtweise in einer konsequenten Fokussierung auf den Kunden, da nur er in der Lage ist, seine spezifischen Bedürfnisse und Anforderungen an ein Produkt zu formulieren. Piller sieht daher in MC einen auf den Kunden abgestimmten Co-Design-Prozess für sowohl Produkte als auch (begleitende) Dienstleistungen, um diese individuellen Bedürfnisse zu treffen [3]. Zum anderen wird durch die Betonung von „Masse" und die damit verbundenen Produktentwicklungsmethoden sowie Fertigungstechnologien die Unterscheidung zur traditionellen Einzelfertigung angestrebt. Um den scheinbaren Widerspruch zwischen Individualprodukt und Massenfertigung aufzuheben ist es notwendig, den Design-Prozess innerhalb eines definierten, stabilen Lösungsraums durchzuführen, der sowohl auf die sichere Spezifikation der Kundenbedürfnisse, als auch auf die reaktionsschnelle Produktion und Distribution ausgelegt ist.

Um ein grundsätzliches Verständnis für MC zu erreichen, wird im folgenden Abschnitt der damit verbundene Unternehmenstypus anhand der Produkt-Prozess-Wandelmatrix hergeleitet. Daran anschließend werden die Charakteristika eines kundenindividuellen Massenfertigers beschrieben und hierauf aufbauend Grundsätze zur Lösungsraummodellierung dargestellt.

7.2.1   Produkt-Prozess-Änderungsmatrix

Die von Boynton et al. vorgestellte Produkt-Prozess-Wandelmatrix kann als unternehmens typologisches Rahmenwerk verstanden werden (Abb. 7.1). In diesem wird auf der einen Achse der Produktwandel als Maß für neue Produkte oder Varianten aufgeführt,

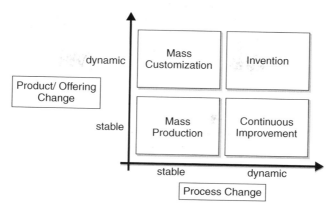

Abb. 7.1 Produkt-Prozess-Wandelmatrix (nach [2])

während der Prozesswandel alle Prozessschritte und Technologien umfasst, um diese neuen Produkte zu entwickeln, zu produzieren und zu vermarkten [2].

Beide Formen des Wandels können entweder stabil oder dynamisch auftreten. Stabil bedeutet in diesem Zusammenhang, dass ein Wandel langsam und vorhersehbar auftritt, während ein dynamischer Wandel eher schnell, revolutionär und im Allgemeinen unvorhersehbar ist. Durch die Aufteilung der Matrix ergeben sich vier grundsätzliche Unternehmenstypologien.

Invention (klassische Einzelfertigung) bezieht sich auf Werkstattfertigung, bei der permanent neue Produkte entworfen und die entsprechenden Prozesse für deren Entwicklung und Fertigung generiert werden. Das Wettbewerbsmodell setzt auf Differenzierung. Produkte, die sich für eine breite Vermarktung eignen, werden im Folgenden zu *Massenprodukten* weiterentwickelt. Hier sind die Skaleneffekte durch die Produktionssteigerung auszuschöpfen, was im Gegenzug bedeutet, dass der Produktionsprozess weitestgehend stabil bleiben muss. Jede Störung (entweder durch Produktanpassung oder eine neue Fertigungsvariante) mündet entweder in steigenden Rüstaufwänden oder ungewollten Anlaufeffekten (Lernkurve, erhöhte Ausschussrate, etc.). Boynton et al. heben hervor, dass eine Synergie zwischen den beiden Typen Invention und Massenproduktion besteht, da letzteres nicht in der Lage ist, aus sich heraus völlig neue und innovative Produkte hervorzubringen, und somit aus ersterem bedient werden muss.

Als dritter Unternehmenstyp wird die sogenannte *kontinuierliche Verbesserung* eingeführt. Dieser Typ schließt sich üblicherweise an die Massenproduktion an und fokussiert auf Rationalisierung, Prozessverbesserung und Qualitätssteigerung. Bekannte Ansätze hierfür sind TQM oder Kaizen [4]. Begleitet werden diese Maßnahmen durch eine stetige Ausweitung des Produktportfolios und das Besetzen von Marktnischen. *MC* bildet den vierten Unternehmenstyp und fokussiert auf die von Pine sogenannte dynamische Stabilität [5]. Das bedeutet, dass kundenspezifische Produkte durch die Verwendung von flexiblen und gleichzeitig stabilen Prozessen in Produktentwicklung und Fertigung maßgeschneidert werden können. Wichtige Prinzipien, um dieses zu erreichen und gleichzeitig die entstehende Produktkomplexität zu beherrschen, sind z. B. Produktkonfiguration und modulare Konstruktionsbaukästen [6].

Um ein kundenindividueller Massenfertiger zu werden, muss ein Unternehmen sich entlang eines bestimmten Pfades entwickeln, was bedeutet, dass alle vier Unternehmenstypen der Reihe nach durchlaufen werden müssen [4]. Vor allem die Wandlung vom Massenfertiger zu MC ist nicht ohne die Zwischenform der kontinuierlichen Verbesserung machbar, da die Produktionsprozesse der Massenfertigung nicht ohne Weiteres den hohen Änderungsraten kundenspezifischer Produkte bei MC angepasst werden können.

7.2.2 Charakteristika von kundenindividuellen Massenfertigern

Eine Übersicht von Eigenschaften kundenindividueller Massenfertiger ist in Tab. 7.1 gegeben. Hauptcharakteristikum bei diesem Unternehmenstyp ist die ständige Fähigkeit, Produktvielfalt kostengünstig und schnell am Markt zur Verfügung zu stellen.

Da der Kunde den zentralen Dreh- und Angelpunkt bei MC darstellt, identifizieren Piller [3] und Böer [7] vier grundsätzliche Sachverhalte. Da der Kunde in die Wertschöpfung unbedingt mit einzubeziehen ist, sind Werkzeuge nötig, die dem Kunden die Formulierung seiner Anforderungen, und damit die Konfiguration seines Produktes ermöglichen. Zweitens müssen die jeweiligen Optionen und Freiheitsgrade bei der Ausgestaltung einer Produktvariante definiert werden, mit denen unterschiedliche Kundenbedürfnisse definiert adressiert werden können. Mit diesen Optionen und Freiheitsgraden wird im Anschluss der Lösungsraum für ein Produkt aufgespannt, aus dem die individuelle Lösung modelliert werden kann. Hierbei ist jedoch darauf zu achten, dass Wert und

Tab. 7.1 Eigenschaften eines kundenindividuellen Massenfertigers (nach [2])

Change conditions	Constant and unforecastable changes in market demand, periodic and forecastable change in process technology
Strategy	Low-cost process differentiation within new markets
Key organizational tool	Loosely coupled networks of modular, flexible processing units
Workflows	Customer/product specific value chains
Employee roles	Network coordinators and on-demand processors
Control system	Hub and Web system; centralized network coordination, in-dependent processing control
I/T alignment challenge	Integration of constantly changing network information pro-cessing/ communication requirements; interoperability, data communication and co-processing critical to network effi-ciency
Critical synergy	Reliance on continuous improvement form for increasing process flexibility within processing units

Preisvorstellung für den Kunden deckungsgleich gebracht werden können (Studien deuten darauf hin, dass Kunden in der Regel dazu bereit sind, für individualisierte Produkte höhere Preise als für Standardprodukte zu zahlen).

7.2.3 Lösungsraummodellierung mittels Konfiguratoren

Zur Modellierung von Lösungsräumen in der Produktentwicklung und zur Darstellung dieser Lösungsräume gegenüber dem Kunden eignen sich Produktkonfigurationssysteme. Produktkonfiguration ist hierbei als Entwicklungstätigkeit zu verstehen, bei der ein Endprodukt durch die Aggregation von vordefinierten Bausteinen, die auf eine vordefinierte Art und Weise mit einander verbunden werden und kommunizieren, gebildet wird [8]. Das Produktkonfigurationssystem ist somit nicht nur ein Filter, der auf ein bestehendes Produktportfolio angewendet wird, solange bis entweder genau eine oder auch keine Endproduktvariante auf Basis der Anforderungen identifiziert ist. Vielmehr beinhalten solche Konfiguratoren eine Wissensbasis, in der das Konfigurationswissen gespeichert ist, welches aussagt, ob zwei Optionen sich gegenseitig ausschließen, oder ob die Auswahl eines Systembausteins zu Anpassungen in der aktuellen Konfiguration führt, so dass immer eine gültige Endproduktvariante im Ergebnis steht.

Ebendiese Eigenschaft führt zur Anwendung von Konfiguratoren als Vertriebsunterstützungssystem. Das Hauptziel von Vertriebskonfiguratoren ist die eindeutige Übersetzung von Kundenbedürfnissen in eine technische Spezifikation. Weitere Funktionen sind Angebotskalkulation, Generierung von Angebotsdokumenten und die Visualisierung des Endprodukts. Da heute am Markt befindliche Vertriebskonfiguratoren eine Buchführung über alle vom Benutzer ausgeführten Schritte durchführen (das schließt die Schritte während der Konfiguration, den Abbruch und die Wiederaufnahme einer Konfiguration und die Zeit bei der Konfiguration mit ein), können hieraus wichtige Daten für den Vertrieb in Bezug auf Trendscouting oder Präferenzanalyse unterschiedlicher Produktvarianten gewonnen werden [5].

Hochentwickelte Vertriebskonfiguratoren, sogenannte Auswahlassistenten oder Navigatoren (im Englischen choice navigators), erlauben sogar eine bidirektionale Kommunikation mit dem Kunden, sodass ein Kunde z. B. zu einer populären Produktvariante hingeführt werden kann. Basis hierfür sind z. B. personenbezogene Daten, die vom Kunden vorher abgefragt werden, statistische Daten oder solche aus sozialen Netzwerken. Damit soll zum einen der Konfigurationsprozess vereinfacht werden, weil dem Kunden bereits eine Basiskonfiguration vorgestellt werden kann, die im Großen und Ganzen seinen Bedürfnissen entspricht und nur noch in Kleinteilen angepasst wird. Auf der anderen Seite kann ein Kunde auch beeinflusst werden in dem Sinne das „andere Kunden, die sich selbst als sportiv bezeichnen, sich für die folgende Konfiguration entschieden haben" [9].

Im Gegensatz zu Vertriebskonfiguratoren sind Konstruktionskonfiguratoren überwiegend für den internen Einsatz innerhalb einer Produktentwicklungsabteilung konzipiert.

Solche Konfiguratoren sind grundsätzlich wissensbasierte Systeme und zielen auf die Transformation eines Konstruktionsproblems in ein Konfigurationssystem ab. Dafür ist alles nötige Konstruktionswissen, unabhängig davon, ob es sich um Auslegungsregeln, Gestaltungsrichtlinien oder Fertigungsrestriktionen handelt, explizit in dem System gespeichert. Diese sogenannten Expertensysteme ersetzen dabei nicht den Produktentwickler, sondern sie unterstützten ihn in seiner Tätigkeit, komplexe technische Systeme zu entwickeln, die ohne Rechnerunterstützung so nicht entwickelt werden könnten. Der Aufbau solcher wissensbasierter Systeme wird u. a. in [10] genauer beschrieben.

7.2.4 Formen der Individualisierung

Um unterschiedliche Kundenanforderungen erfüllen zu können, ist mit dem kundenbasierten Co-Design-Prozess die individuelle Konfiguration aus dem stabilen Lösungsraum bereitzustellen. Böer konkretisiert, „das Ziel ist die fehlerfreie Identifikation von Anpassungsoptionen und Abmessungen, um die spezifischen Bedürfnisse des Kunden zu befriedigen" [7]. Es gibt unterschiedliche Typologien für den Individualisierungsgrad, Da Silveira et al. benennen z. B. acht unterschiedliche Formen der Individualisierung, die auf unterschiedlichen Entwicklungs- und Produktionsprozessen beruhen [11]. Eine andere Typologie orientiert sich am Einfluss, den der Kunde durch den Co-Design-Prozess auf die Wertschöpfungskette nimmt [9] und wird nachfolgend erläutert (Abb. 7.2).

Demnach ist einer der effizientesten Wege ein Produkt an unterschiedliche Kundenanforderungen anzupassen als „set-up customization" bezeichnet. Diese Form der Individualisierung findet sich häufig bei mechatronischen Produktkomponenten, deren Verhalten maßgeblich durch die zugrunde gelegten Firmware- und Softwarekomponenten bestimmt wird [12]. So wird in einem PKW das Beschleunigungsverhalten des Motors

	Impact on in-house engineering	Impact on in-house data management	Impact on in-house manufacturing	Customer Integration Level
Tuning Customization	very low	very low	very low	middle
Cosmetic Customization	very low	low	very low	low
Set-Up Customization	low	middle	very low	very low
Composition Customization	middle	middle	low	middle
Aesthetic co-design	high	high	high	high
Function co-design	very high	very high	very high	very high

Abb. 7.2 Individualisierungsformen [9]

durch die entsprechenden Steuergeräte beeinflusst. Ein weiteres Beispiel besteht im Bereich mobiler Endgeräte, deren Funktionsumfang durch die aufgespielten Apps adressiert wird, wenngleich die Hardware-Komponenten überwiegend identisch sind. Der Produktionsprozess bleibt somit von den unterschiedlichen Varianten unbeeinflusst [13]. Es ist dabei allerdings zu berücksichtigen, dass diese Art der Individualisierung durchaus einen Einfluss auf das Produktdatenmanagement und das Konfigurationsmanagement haben kann, da die unterschiedliche Firmware- und Software ebenfalls verwaltet werden muss.

Die sogenannte „cosmetic customization", also kosmetische Individualisierung, wurde in ihrer ursprünglichen Definition als unterschiedliche Verpackung und Präsentation eines Standardproduktes beschrieben [14]. Allgemein anerkannt ist heute jedoch, dass der Kundennutzen nur unmaßgeblich durch diese Form beeinflusst wird. Das Konzept wurde darum erweitert und sieht nun vor, die äußere Erscheinung eines Produktes selbst nach vorgegebenen Gesichtspunkten zu individualisieren, z. B. durch unterschiedliche Lackierungen. Die Wertschöpfungskette wird dadurch nur wenig beeinflusst.

Eine der am meisten verbreiteten Formen ist „composition customizing". Hier wird das Endprodukt aus einem vorgegebenen Komponentenkatalog heraus konfiguriert, weitgehend entspricht dieses Vorgehen dem Assemble-to-Order (ATO)-Fertigungsprinzip. Wichtig ist hierbei herauszuheben, dass die einzelnen Bausteine über standardisierte Schnittstellen verfügen müssen und im Sinne von wiederverwendbaren Modulen produktlinienübergreifend eingesetzt werden sollen [15]. Idealerweise wird die Variantenbildung erst auf Endproduktebene ausgeführt (postponement). Das ATO-Prinzip hat somit einen grundsätzlichen Einfluss auf die Wertschöpfungskette, betrachtet man hingegen die Entwicklungs- und Produktionsprozesse auf Modulebene, so lassen sich durch eine breite Wiederverwendung ebenfalls Skaleneffekte realisieren.

Eine Form der Individualisierung, bei der ein Kunde aktiv am Gestaltungsprozess mitwirken kann, wird mit „aesthetic co-design" beschrieben. Der Kunde kann hier anders als bei der „cosmetic customization" nicht nur ein vordefiniertes Erscheinungsbild für sein Produkt wählen, sondern er gestaltet dieses selbst. Dieses bezieht sich zum einen auf Farbe und Textur, aber ebenso auf z. B. Gehäuseformen, ohne dabei aber Einfluss auf die Funktion des Produkts (genauer: die funktionalen Bausteine des Produkts) zu nehmen. Die Freiheitsgrade der Gestaltung müssen jedoch im Vorfeld so definiert werden, dass zum einen keine Beeinträchtigung des Endprodukts eintritt (z. B. weil ein Gehäuse zu klein modelliert worden ist und mit anderen Bausteinen kollidiert oder weil eine konstruktive Schnittstelle zwischen Gehäuse und Modulträger verändert wurde und damit die Montage nicht mehr möglich ist), auf der anderen Seite muss sichergestellt sein, dass die Variationen mit vorhandenen Fertigungsmitteln effizient hergestellt werden können.

Die weitreichendste Form der Individualisierung ist „function co-design". Im Gegensatz zum „aesthetic co-design" hat der Kunde direkten Anteil an der Funktionsentwicklung für sein Produkt. Diese Art greift die aktuelle Diskussion um open innovation auf und ist nach wie vor für produzierende Unternehmen eine große Herausforderung [4].

Wenn die Individualisierung nicht mehr vom Hersteller selbst sondern einem seiner Wertschöpfungspartner durchgeführt wird, liegt „tuning customization" vor. Hier wird das Standardprodukt durch den Partner an besondere Einsatzszenarien adaptiert oder im Hinblick auf die äußere Erscheinung aufgewertet. Klassische Anwendungsfälle finden sich in der Automobilindustrie. Die Kundeneinbindung kann hier sehr hoch sein, da durch die externe Modifikation häufig auch auf Kundenbedürfnisse eingegangen werden kann, die vom Standard überproportional abweichen. Die wirtschaftliche Umsetzbarkeit orientiert sich maßgeblich an den finanziellen Möglichkeiten des Kunden.

7.3 Anwendungspotenzial von Additive Manufacturing

Basierend auf der vorgestellten Typologie für die unterschiedlichen Individualisierungsformen wird in diesem Abschnitt das Anwendungspotenzial für Additive Manufacturing (AM) untersucht. Grundsätzlich herrscht Einigkeit darüber, dass die Verfahren von AM vielfältige Anwendung bei MC erlangen können.

Reeves et al. berichten z. B. von diversen Anwendungen in der Spielwarenindustrie, bei der über internetbasierte Plattformen Spielcharaktere oder Figuren für Brettspiele o. ä. durch AM kundenspezifisch hergestellt werden [16]. Gleiches gilt für den Modellbaubereich, bei dem Objekte auf Modellbörsen (im Englischen maker guilds) einer breiten Masse von Anwendern zur Verfügung gestellt werden, um diese über Desktop-3D-Drucker zu produzieren [17]. Eine mehr technische Anwendung wird durch Vásquez et al. vorgestellt, die, basierend auf 3D-Druckverfahren, individualisierte pneumatische Bauelemente herstellen [18].

Das Anwendungspotenzial von AM für MC ist vor allem in den drei folgenden Sachverhalten begründet [16]:

1. AM erlaubt dem Produktentwickler weitgehende Gestaltungsfreiheit: Abhängig vom Verfahren sind beliebig komplizierte Bauteile mit Hinterschnitten oder Einlegern in engen Toleranzen möglich, die ohne oder mit wenig Nachbearbeitung direkt eingesetzt werden können.
2. AM erfordert keine bauteilspezifischen Werkzeughilfsmittel, wie Formen oder Einsätze für den Kunststoffspritzguss, die sich erst ab einer hohen Stückzahl amortisieren. Somit eignen sich die Verfahren für eine wirtschaftliche Fertigung in Losgröße 1 [19].
3. AM erlaubt bei ausreichend vorhandenen Kapazitäten eine schnelle Umsetzung von digitalen Prototypen in Hardware ohne Zwischenschritte wie die Erstellung von z. B. NC-Programmen. Abhängig von der Größe und den einzuhaltenden Toleranzen können Durchlaufzeiten z. B. im Ersatzteilgeschäft signifikant gesenkt werden [20].

Neben dem Individualisierungsgrad und der Losgröße wird damit die geometrische Bauteilkompliziertheit zu einem weiteren Ordnungsmerkmal. Basierend auf diesen drei

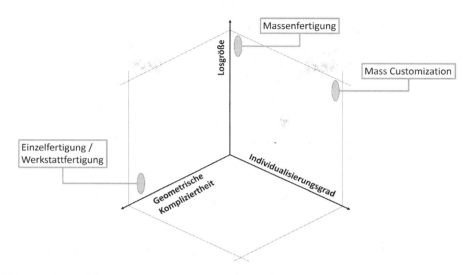

Abb. 7.3   3-Achsenmodell für technische Erzeugnisse (in Anlehnung an [21])

Größen entwickeln Conner et al. ein Rahmenwerk für technische Erzeugnisse (Abb. 7.3) [21].

Grundsätzlich lassen sich die unterschiedlichen Unternehmenstypen aus der Produkt-Prozess-Wandelmatrix in dieses Rahmenwerk einsortieren, jedoch ist eine differenziertere Betrachtung sinnvoll. In diesem Rahmenwerk werden durch Conner et al. mehrere unterschiedliche Demonstratoren diskutiert und anhand von entwickelten Metriken in Bezug auf ihre geometrische Kompliziertheit und ihren Individualisierungsgrad charakterisiert, wobei die unterschiedlichen Formen der Individualisierung nicht differenziert werden. Diese Lücke wird durch Lachmayer et al. gefüllt, die basierend auf Losgröße und den in [9] definierten Individualisierungsformen eine Potenzialanalyse anhand unterschiedlicher Demonstratoren vornehmen [22]. Als Demonstratoren werden eine Welle und ein Vorderradträger aus einer Automobilanwendung verwendet, das Gehäuse eines PKW-Schlüssels und ein Reflektor eines optomechatronischen Systems (Abb. 7.4). Diese stehen wiederum stellvertretend für Anwendungen innerhalb der generalisieren Massenproduktion (klassische Massenproduktion ohne Gestaltungsfreiheitsgrade) und der kundenindividuellen Massenfertigung, ebenso wie in der generalisierten Einzelfertigung (Fertigung hochspezialisierter Bauteile mit komplizierter Geometrie ohne Freiheitsgrade in geringer Stückzahl) und die individualisierte Einzelfertigung.

Die Autoren ziehen den Schluss, dass der Einsatz von AM vor allem bei der individualisierten Einzelproduktion hohes Anwendungspotenzial hat. Eine Anwendung bei der generalisierten Einzelfertigung und bei der kundenindividuellen Massenfertigung ist abhängig von weiteren Bauteilcharakteristiken, wohingegen die generelle Massenproduktion derzeit nicht für AM erschlossen werden kann.

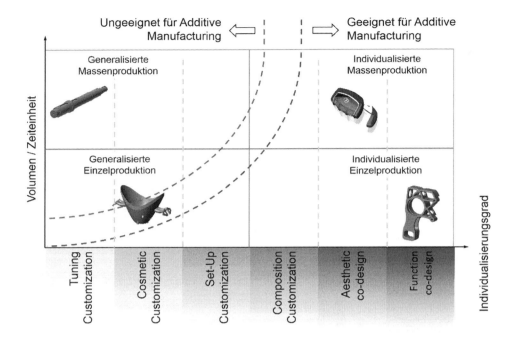

Abb. 7.4 Klassifikation von Demonstratoren in der Potenzialanalyse für den Einsatz von AM (nach [22])

Bezogen auf die Individualisierungsformen werden „aesthetic co-design" und „function co-design" als Anwendung mit hohem Potenzial für AM charakterisiert, da hier die Umsetzung von möglichen Gestaltungsfreiheitsgraden am ehesten ausgenutzt werden kann, ohne zusätzliche Kosten für z. B. Fertigungshilfsmittel oder Vorrichtungen zu erzeugen. Der Einsatz für „composition customizing" ist abzuwägen. In allen Fällen ist jedoch zu berücksichtigen, dass konstruktive Schnittstellen zu weiteren Bauteilen im Vorfeld festgelegt und nicht bei der Gestaltung geändert werden dürfen.

Das hier vorgestellte Modell konkretisiert somit das von Conner vorgestellte Rahmenwerk (Abb. 7.5). Weiterhin zu untersuchen gilt, in wie weit Modelle für die Bestimmung der geometrischen Kompliziertheit integriert werden können.

7.4 Exemplarisches Geschäftsmodell

In diesem Abschnitt werden als Anwendungsbeispiel drei Szenarien für den Vertrieb einer individualisierbaren Teemaschine vorgestellt (Abb. 7.6). Als besonderes Charakteristikum dieser Teemaschine ist ihre Anpassbarkeit an die Küchen- oder Zimmereinrichtung herausgestellt, die durch austauschbare Blenden und Gehäuseteile erreicht wird.

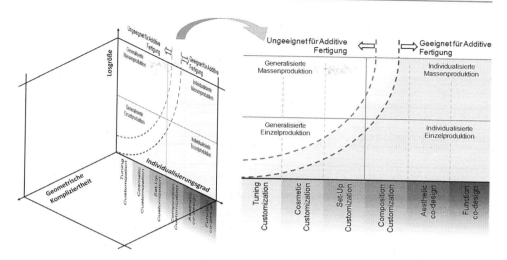

Abb. 7.5 Anwendungspotenziale von Additive Manufacturing bezogen auf Individualisierungs-grad und Losgröße

Der Vertrieb hat zwei grundsätzliche Kundengruppen identifiziert: Die erste Gruppe sind Hoteliers, die sich von ihrem Wettbewerb zusätzlich abheben möchten, indem auch die elektrischen Geräte passend zum Einrichtungskonzept der unterschiedlichen Zimmer-kategorien ausgewählt und abgestimmt sind. Die zweite Kundengruppe besteht in End-verbrauchern, die bereit sind, für eine kundenindividuelle Teemaschine Premiumpreise zu bezahlen (Abb. 7.6).

Für die erste Kundengruppe wird ein weitgehend konstanter Bedarf und Losgrößen bis zu 500 Stück geschätzt, für die zweite Kundengruppe lassen sich Bedarfe nur schwer voraussehen, Losgrößen werden im Bereich von ein bis fünf Stück geschätzt. Gemäß des in Abschn. 7.4 vorgestellten Rahmenwerkes ist AM grundsätzlich für die Fertigung geeignet und sollte in der Produktentwicklung berücksichtigt werden.

Als Fertigungseinrichtung für die Gehäuseelemente wird eine Laser-Sinter-Anlage gewählt. Als Werkstoff wird ABS bestimmt, was dazu führt, dass keine zusätzlichen Support-Strukturen für die Produktion berücksichtigt werden müssen, da das umliegende Pulverbett die Bauteile ausreichend abstützt. Für die Produktentwicklung werden weiter-hin relevante Restriktionen formuliert, zum einen die minimale Wandstärke, die ein Gehäuseteil ausweisen darf, zum anderen die Größe der Prozesskammer der Laser-Sin-ger-Anlage, so dass die Bauteile in einem Stück gefertigt werden können. Um unter-schiedliche Farbgebungen realisieren zu können, werden die gesinterten Bauteile im Anschluss tauchlackiert.

Zur Beschreibung des konstruktiven Lösungsraumes wird ein Konstruktionskonfigura-tor entwickelt, durch den sichergestellt wird, dass bei einer Anpassung der Blenden weder andere Baugruppen beeinträchtigt werden, noch dass konstruktive Schnittstellen verscho-

Abb. 7.6 Teemaschine mit
austauschbaren
Gehäuseelementen

ben oder eliminiert werden können. Da geplant ist, den Konfigurator auch für Endkunden
zur Verfügung zu stellen, wird ein sehr einfacher Konfigurationsdialog implementiert, bei
dem der Kunde durch die Anpassung von Punkten der Außenkante die Begrenzung seiner
individuellen Blende seinen Wünschen entsprechend verschieben kann (Abb. 7.7). Weiterhin kann ein Text auf die Blende aufgeprägt und die Farbe der Blenden gewählt
werden.

Bezogen auf die Größe der Prozesskammer können innerhalb eines Baujobs maximal
60 Blenden hergestellt werden. Die Bauzeit beträgt etwa 30 Stunden inklusive Abkühl-
zeit, Reinigung der Bauteile und Tauchlackieren. Mit größeren heute am Markt verfügbaren Maschinen mit größerer Prozesskammer sind innerhalb eines Baujobs sogar
320 Blenden innerhalb von 90 Stunden herstellbar. In beiden Fällen wären die individuellen Blenden nach ca. einer Woche versandbereit. Unterschiedliche Blendenkonfiguratio-
nen sind in Abb. 7.8 dargestellt.

Der Vertrieb fokussiert drei unterschiedliche Szenarien, wie der Konfigurator eingesetzt
werden kann. Der klassische Weg, dass ein Konstruktionskonfigurator innerhalb der eigenen Produktentwicklungsabteilung eingesetzt wird, führt dazu, dass basierend auf Marke-
tingberichten durch den Hersteller eine begrenzte Anzahl von unterschiedlichen Blenden-
konfigurationen in unterschiedlichen Farben in größeren Stückzahlen auf Lager produziert
und am Markt angeboten wird. In diesem Geschäftsmodell ist der Endverbraucher nicht in
den Design-Prozess mit eingebunden, sondern erwirbt vorhandene, vorgegebene Blenden
für sein Gerät. Die Form der Individualisierung entspricht damit „composition customization". Im zweiten Szenario hat der Endverbraucher Zugriff auf den Konfigurator, die Form
der Individualisierung verändert sich damit zu „design co-creation".

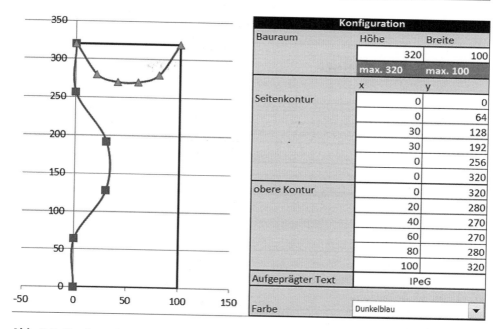

Konfiguration		
Bauraum	Höhe	Breite
	320	100
	max. 320	max. 100
	x	y
Seitenkontur	0	0
	0	64
	30	128
	30	192
	0	256
	0	320
obere Kontur	0	320
	20	280
	40	270
	60	270
	80	280
	100	320
Aufgeprägter Text	IPeG	
Farbe	Dunkelblau ▼	

Abb. 7.7 Konfigurationsmaske für Blenden der kundenindividuellen Teemaschine

Abb. 7.8 Unterschiedliche Blenden der Teemaschine

Das dritte Szenario erweitert diesen Anwendungsfall. Hier ist der Kunde nicht nur in der Lage seine eigenen Blenden zu konfigurieren, er kann seine Designs auf einer Internetplattform des Herstellers mit anderen Nutzern teilen und diese bewerten oder modifizieren lassen.

7.5 Schlussbetrachtung

Der vorliegende Beitrag stellt dar, inwieweit Verfahren des Additive Manufacturing für die Individualisierung von Produkten eingesetzt werden können. Der Fokus wurde auf das Geschäftsmodell der kundenindividuellen Massenfertigung gesetzt, bei dem variable, durch den Kunden ggf. mitentwickelte Produkte durch stabile und flexible Fertigungsverfahren mit der Effizienz der Massenproduktion hergestellt werden können. Innerhalb des Geschäftsmodells wurden drei grundsätzliche Formen der Individualisierung identifiziert, bei denen AM eingesetzt werden kann. Am Beispiel der individualisierbaren Teemaschine wurde dieses näher erläutert und die Umsetzung des kundenbasierten Co-Design-Prozesses mit dem Rechnerwerkzeug des Konstruktionskonfigurators visualisiert.

Die Möglichkeiten der Kundeneinbindung und der Individualisierung sind mit den Verfahren des AM sicherlich im Vergleich zur klassischen spanabhebenden Fertigung oder zum Kunststoffspritzguss gewachsen. Gerade bei der Fertigung mit Kunststoffen sind viele Gestaltungsfreiheitsgrade offen, ohne dabei auf teure Betriebs- und Fertigungshilfsmittel zurückgreifen zu müssen. Abhängig von den Anforderungen an Oberfläche und Fertigungsgenauigkeit ist durch die am Markt angebotenen Desktop-3D-Drucker bereits das Potenzial für die Fertigung „zu Haus" auf Basis eines virtuellen 3D-Modells in Grenzen gegeben.

Diese Freiheit bietet auf der einen Seite die Chance für viele neue Geschäftsmodelle, bei denen sowohl auf konstruktiver Seite mit dem Kunden interagiert werden kann, als auch bezogen auf die Produktion. Die Anzahl an internetbasierten Börsen, auf denen 3D-Modelle geteilt, bewertet, modifiziert und für den eigenen Druck heruntergeladen werden können, wächst stetig. Auf der anderen Seite entstehen hierdurch neue Herausforderungen bezogen auch auf rechtliche Fragestellungen. Die Urheberschaft eines Designs mag durch Lizenzgebühren oder Lizenzabtretung geregelt werden können, die technische Sicherheit und die damit verbundene Haftung für gedruckte Erzeugnisse (z. B. Risiko des Verschluckens von Kleinteilen bei Kinderspielzeugen, Festigkeit und Stabilität von lastbeaufschlagten Teilen) ist komplizierter sicherzustellen.

Literatur

1. Davis S (1987) Future perfect. Basic Books, New York
2. Boynton A, Victor B, Pine J (1993) New competitive strategies: challenges to organizations and information technology. IBM Syst J 32(1):40–64

3. Piller F (2004) Mass customization: reflections on the state of the concept. Int J Flex Manuf Syst 16:313–344
4. Reichwald R, Piller F (2009) Interaktive Wertschöpfung. Gabler, Wiesbaden
5. Pine J, Davis S (1993) Mass customization: the new frontier in business competition. Harvard Business Press, Boston
6. Gembarski PC, Lachmayer R (2015) A business typological framework for the management of product complexity. In: Proceedings of the 8th world conference on mass customization, personalization, and co-creation (MCPC 2015), Montreal, 20–22 Oct 2015
7. Böer C, Pedrazzoli P, Bettoni A, Sorlini M (2013) Mass customization and sustainability. Springer, Berlin/New York
8. Sabin D, Weigel R (1998) Product configuration frameworks – a survey. IEEE Intell Syst 13 (4):42–49
9. Gembarski PC, Lachmayer R (2015) Degrees of customization and sales support systems – enablers to sustainability in mass customization, ICED 2015
10. Gembarski PC, Li H, Lachmayer R (2015) KBE-modeling techniques in standard CAD-systems: case study – autodesk inventor professional. In: Proceedings of the 8th world conference on mass customization, personalization, and co-creation (MCPC 2015), Montreal, 20–22 Oct 2015
11. Da Silveira G, Borenstein D, Fogliattoc F (2001) Mass customization: literature review and research directions. Int J Prod Econ 72:1–13
12. Jørgensen KA (2011) Customization and customer-product learning. In: Chesbrough H, Piller FT, Tseng M (eds) Bridging mass customization and open innovation: proceedings of the MCPC 2011 conference on mass customization, personalization and co-creation, University of California, Berkeley, University of California
13. Gräßler I (2013) Kundenindividuelle Massenproduktion: Entwicklung, Vorbereitung der Herstellung, Veränderungsmanagement. Springer, Heidelberg/Berlin
14. Gilmore J, Pine J (1997) The four faces of mass customization. Harv Bus Rev 73(1):1–8
15. Pahl G, Beitz W, Feldhusen J, Grote KH (2013) Pahl/Beitz Konstruktionslehre. Springer, Heidelberg/Berlin
16. Reeves P, Tuck C, Hague R (2011) Additive manufacturing for mass Customization. In: Mass Customization. Springer, London, S 275–289
17. Berman B (2011) 3-D printing: the new industrial revolution. Bus Horiz 55(2):155–162
18. Vázquez M, Brockmeyer E, Desai R, Harrison C, Hudson SE (2015) 3D printing pneumatic device controls with variable activation force capabilities. In: Proceedings of the 33rd annual ACM conference on human factors in computing systems, ACM, S 1295–1304
19. Petrick IJ, Simpson TW (2013) 3D printing disrupts manufacturing. Res Technol Manag 56 (6):12
20. Aston A (2005) If you can draw it, they can make it. Business Week, S 70–71
21. Conner BP, Manogharan GP, Martof AN, Rodomsky LM, Rodomsky CM, Jordan DC, Limperos JW (2014) Making sense of 3-D printing: creating a map of additive manufacturing products and services. Additive Manuf 1:64–76
22. Lachmayer R, Gembarski PC, Gottwald P, Lippert RB (2015) The potential of product customization using technologies of additive manufacturing. In: Proceedings of the 8th world conference on mass customization, personalization, and co-creation (MCPC 2015), Montreal, 20–22 Oct 2015

Eigenschaften und Validierung optischer Komponenten

Gerolf Kloppenburg und Alexander Wolf

Der zunehmende Einsatz von Additive Manufacturing Bauteilen in allen Bereichen der Technik führt auch zu einer Notwendigkeit der Betrachtung optischer Eigenschaften solcher Produkte. Beim Einsatz optischer Komponenten spielen insbesondere Oberflächeneigenschaften wie auch Formtreue der Bauteile eine große Rolle. Durch die Verwendung von Additive Manufacturing Bauteilen in Kombination mit neuartigen Lichtquellen wie LEDs oder Laserlichtquellen ergeben sich neben einer hohen Leuchtdichte und einer möglichen Effizienzsteigerung ebenfalls Möglichkeiten zur Umsetzung völlig neuartiger Design- und Styling-Konzepte.

Für die vorliegende Untersuchung wird aufbauend auf dem Konzept des sogenannten „Remote Phosphor" eine weiße Laserlichtquelle eingesetzt. Dazu wird mit der Energie aus blauen Laserdioden ein Leuchtstoff angeregt und das so erzeugt weiße Licht wird in einem Fernlichtmodul für einen Fahrzeugfrontscheinwerfer als Quelle eingesetzt. Für die Herstellung des Reflektormoduls werden die Verfahren Hochgeschwindigkeitsfräsen und Selektives Laserstrahlschmelzen eingesetzt und gegenübergestellt. Dazu werden spektrale Reflexionsgrade der Materialien untersucht. Weiterhin werden die Module hinsichtlich der Effizienz und der Lichtverteilung bewertet. Da ein Ziel von Rapid-Prototyping-Verfahren ebenfalls die Reduzierung von Fertigungszeiten und –kosten ist, werden diese außerdem betrachtet.

G. Kloppenburg (✉) • A. Wolf
Institut für Produktentwicklung und Gerätebau (IPeG), Hannover, Deutschland
E-Mail: kloppenburg@ipeg.uni-hannover.de; wolf@ipeg.uni-hannover.de

© Springer-Verlag Berlin Heidelberg 2016
R. Lachmayer et al. (Hrsg.), *3D-Druck beleuchtet*,
DOI 10.1007/978-3-662-49056-3_8

8.1   Einleitung

Das Jahr 2015 wurde durch die UNESCO zum internationalen Jahr des Lichts erklärt, was
die große Bedeutung optischer Technologien und lichtbasierter Systeme unterstreicht. Mit
dem zunehmenden Einsatz von *Additive Manufacturing* (*AM*) Bauteilen in den unter-
schiedlichsten Bereichen gewinnen sie auch bei den optischen Komponenten an Bedeutung. Hierbei spielen zum Teil andere Eigenschaften eine Rolle als dies bei der klassischen mechanischen Beanspruchung der Fall ist. Um die Potenziale von AM Bauteilen für
Lichtsysteme beurteilen zu können, müssen deshalb besonders Form- und Oberflächeneigenschaften berücksichtigt werden. Als beispielhaftes optisches System wird im Folgenden
ein Zusatzfernlicht-Modul für einen Fahrzeugfrontscheinwerfer aufgebaut und untersucht.

Für Fahrzeuge werden im Hinblick auf die Serienfertigung typischerweise beschichtete
Reflektoren aus Kunststoff verwendet. In früheren Entwicklungsstadien ist jedoch eine
Evaluation des realen Lichtbilds eines Scheinwerfers notwendig, um Simulationsergeb-
nisse zu verifizieren und physiologische Bewertungen anstellen zu können. Hierzu werden
Prototypen eingesetzt, welche sich mit seriennahen Fertigungstechnologien nicht effizient
herstellen lassen. Reflektoren für Fahrzeugscheinwerfer bestehen häufig aus facettierten
Freiformflächen. Für die Prototypenfertigung dieser komplexen Geometrien sind die
Verfahren des AM interessant, da auf Fertigung und Einsatz spezifischer Werkzeuge
verzichtet werden kann. In diesem Kapitel kommen die Verfahren *Selektives Lasersintern*
(*SLS*) und *Selektives Laserstrahlschmelzen* (*SLM*) zur Fertigung von optischen Reflektoren zum Einsatz, wobei der Fokus auf SLM liegt. Als Referenz werden die Reflektoren
außerdem spanend hergestellt.

Mit dem Beginn des 21. Jahrhunderts hat sich im Bereich der Lichttechnik ein Wandel
der Lichtquellen von Glühlampen hin zu halbleiterbasierten Lichtquellen wie LEDs
vollzogen. Diese Entwicklung gilt auch für die Automobilindustrie, die als Nachfolger
der klassischen Halogen- und Xenonscheinwerfer ebenfalls LED-Scheinwerfer eingeführt
hat. Aufgrund der Steigerung von Lichtstrom und Systemeffizienz einzelner LEDs wie
auch von LED-Arrays können mit LEDs ausgestattete Frontscheinwerfer die Lichtverteilung sowohl für Abblend- als auch Fernlicht bereitstellen. Der Einsatz von Halbleiter-
lichtquellen führt weiterhin dazu, dass die Bauraumgröße des Scheinwerfers und hauptsächlich die von außen sichtbare Emissionsfläche reduziert werden kann. Hieraus ergeben
sich neue Möglichkeiten hinsichtlich des Scheinwerferdesigns.

Als weiterer Schritt in dieser Entwicklung kommen aktuell erste Fahrzeuge mit Laserlichtquellen auf den Markt [1, 2]. Ebenso wie auch LEDs sind Laserdioden Halbleiter-
lichtquellen und erzeugen Licht durch die elektrische Anregung dotierter Halbleiterma-
terialien wie beispielsweise InGaN. Daraufhin emittiert das Material Photonen eines
bestimmten Energieniveaus, also in einem sehr schmalen Wellenlängenbereich. Um aus
diesem schmalbandigen Spektrum weißes Licht zu erzeugen wird das gleiche Funktionsprinzip wie bei weißen LEDs angewendet. Hierbei wird durch eine blaue Leuchtdiode
(ca. 450 nm) ein Leuchtstoff angeregt, welcher aufgrund des sogenannten Stokes Shifts
Licht mit größerer Wellenlänge emittiert. Die Kombination aus nicht umgewandeltem

blauem und umgewandeltem gelbem Licht ergibt weißes Licht. Der hauptsächliche Vorteil dieser laserbasierten Lichtquelle ist die kleine Lichtemissionsfläche. Dadurch können verglichen mit anderen Lichtquellen kleinere optische Systeme (Linsen, Reflektoren) eingesetzt werden, ohne Einbußen bei der erzeugten Lichtverteilung in Kauf nehmen zu müssen.

8.2 Additive Manufacturing Verfahren für optischer Reflektoren

Zur Herstellung optischer Reflektoren lassen sich unterschiedliche Verfahren des AM nutzen. Für den Prototypenbau ist besonders das SLM interessant, da das gesamte Bauteil aus reflektierendem Material, vorzugsweise Aluminium, erzeugt werden kann. Aktuelle SLM-Anlagen erzeugen aufgrund der Pulverkorngröße eine zu große Oberflächenrauheit, zudem ist ihre Auflösung zu gering, um qualitativ hochwertige Reflektoren herzustellen. Deswegen ist eine spanabhebende Nachbearbeitung der Spiegelfläche notwendig, ebenso wie eine anschließende Politur. Gegebenenfalls sollte diese Funktionsfläche zum Schutz vor Korrosion außerdem mit einer Schutzschicht versehen werden.

Alternativ können Kunststoffreflektoren mit einem reflektiven Material beschichtet werden. Mittels Zwei-Photonen-Polymerisation lassen sich bereits Bauteile mit beeindruckender Auflösung realisieren. Für den hier diskutierten Prototypenbau sind die Fertigungszeiten jedoch nicht praktikabel. Generell können lichtaushärtende Polymere, wie sie bei der Zwei-Photonen-Polymerisation zum Einsatz kommen, nur bedingt eingesetzt werden, da ihre thermische Festigkeit gering ist. Klassisches SLS stellt eine praktikable Alternative dar. Die Auflösung und Oberflächenrauheit der erzeugten Bauteile liegen in der Größenordnung von SLM.

Zur Bewertung des Potentials der verschiedenen AM Technologien wird zunächst ein geometrisch einfacher Paraboloid-Reflektor als Musterbauteil betrachtet. Dieser Reflektor sammelt nahezu das gesamte vom Leuchtstoff emittierte Licht ein und strahlt es als idealerweise paralleles Strahlenbündel ab (Abb. 8.1). Das Ziel dieses Konzepts ist die Erzeugung einer hohen Lichtstärke. Durch Verzicht auf Facetten ist die Geometrie einfach, was den Nachbearbeitungsaufwand reduziert.

Zur Realisierung des Reflektors kommen drei unterschiedliche Herstellungsverfahren und folgende Nachbearbeitungsschritte zum Einsatz:

- Konventionelles Fräsen, Werkstoff AlMgSi1
  - Polieren per Hand
- Selektives Laserstrahlschmelzen (SLM), Werkstoff AlSi10Mg
  - Spanendes Nachbearbeiten mit Fächerschleifer
  - Polieren per Hand
- Selektives Lasersintern (SLS), Werkstoff PA12
  - Wiederholtes Fillern und Schleifen per Hand
  - Beschichtung mit Silber
  - Aufbringen einer Korrosionsschutzschicht

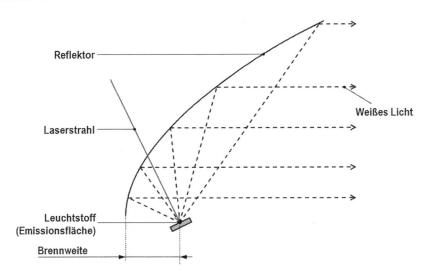

Abb. 8.1 Paraboloid-Reflektor mit geneigter Leuchtstofffläche

8.2.1 Reflexionsgrad und Porosität des SLM-Aluminiums

Bei der Betrachtung von Leuchten spielt der Wirkungsgrad der einzelnen optischen Elemente eine große Rolle. Jedes optische Element führt zu Verlusten im Lichtstrom und verringert so die Effizienz. Aus diesem Grund wird der Reflexionsgrad der Bauteile untersucht. Um den Reflexionsgrad des Materials zu beurteilen, welches im SLM-Verfahren benutzt wird (AlSi10Mg), werden vier scheibenförmige Testkörper hergestellt. Anhand dieser Probekörper soll der Einfluss der Orientierung zur Baurichtung und der des Lasereintrags pro Fläche auf die Porosität und den Reflexionsgrad des SLM-Aluminiums bewertet werden. Hierzu werden zwei Probekörper liegend gefertigt (DP2 und DP3, vergleiche Abb. 8.2) und zwei stehend (DP1 und DP4). Bei zwei Körpern wird eine relativ geringe Energiemenge in die Randzone der Geometrie gebracht (DP1 und DP2) und bei den beiden anderen eine vergleichsweise hohe.

Von den Testkörpern werden Schliffbilder erzeugt, die mit einer kollimierten weißen Lichtquelle mit einem Einfallswinkel von 45° beleuchtet werden. Der Reflexionsgrad wird abhängig von der Wellenlänge gemessen und wird von den Herstellungsbedingungen der Proben beeinflusst. Die beiden Körper DP1 und DP2 weisen einen relativ guten Reflexionsgrad auf und wurden mit geringerer Energie pro Fläche hergestellt als die Körper DP3 und DP4.

Durch die geringe Anzahl untersuchter Proben sind diese Ergebnisse jedoch statistisch nicht abgesichert. Außerdem sollte berücksichtige werden, dass die Proben DP1 und DP4 eine Abhängigkeit zwischen Reflexionsgrad und ihrem Umfangswinkel aufweisen können, da diese Querschnitte einen starken Einfluss des schichtartigen Aufbauprozesses aufweisen, wie es in den Schliffbildern sichtbar wird. Der Einfluss des Umfangwinkels

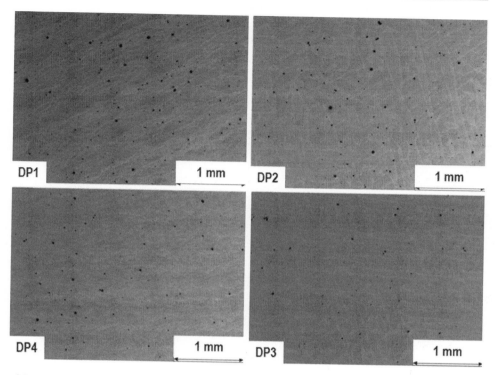

Abb. 8.2 Polierte Schliffbilder der SLM-Bauteile nach [3]

wurde bei der willkürlichen Ausrichtung der Proben nicht berücksichtigt. Auffällig ist, dass der Reflexionsgrad im untersuchten Bereich von 380 nm…780 nm nahezu unabhängig von der Wellenlänge ist. Bei konventionellem Aluminium wird ein mit steigender Wellenlänge abfallender Reflexionsgrad erwartet.

Darüber hinaus ist der Reflexionsgrad für sichtbares Licht mit etwa 90 % deutlich höher [4] als der in Tab. 8.1 angegebene des SLM-Materials, der mit der wellenlängenabhängigen Empfindlichkeit des menschlichen Auges gewichtet wurde.

Ferner ist zu berücksichtigen, dass sich der Reflexionsgrad des Aluminiums ohne eine schützende Oberflächenbeschichtung mit der Zeit durch Oxidationsprozesse verringert. Alle Messungen wurden ohne eine entsprechende Beschichtung durchgeführt, jedoch zeitnah nach der Schliffbildpolitur. Außerdem wurden die Proben mit einer entsprechenden Klebefolie zwischenzeitlich weitestgehend vor Oxidation geschützt.

Anhand der Schliffbilder aus Abb. 8.2 wird die Porosität des SLM Materials berechnet, indem die Anzahl dunkler Pixel ausgewertet wird. Die Ergebnisse sind ebenfalls in Tab. 8.1 angegeben. Erwartungsgemäß ist die Porosität bei den Proben mit erhöhtem Energieeintrag geringer. In allen Fällen ist die Porosität mit ca. 0,2 % so gering, dass ihr Einfluss auf Reflexionsflächen vernachlässigt werden kann. Dabei sollte jedoch erwähnt werden, dass es sich bei dem untersuchten Material um eine sehr weiche

Tab. 8.1 Reflexionsgrad und Porosität der Lasersinterbauteile nach [3]

Probe	Laserleistung pro Fläche	Orientierung der Schnittebene	Reflexionsgrad [%]	Flächenporosität [%]
DP1	Gering	Baurichtung in Schnittebene	67	0,20
DP2	Gering	Baurichtung senkrecht zur Schnittebene	64	0,24
DP3	Hoch	Baurichtung senkrecht zur Schnittebene	53	0,16
DP4	Hoch	Baurichtung in Schnittebene	57	0,17

Aluminiumlegierung handelt, so dass einzelne Poren bei der Politur der Schliffbilder ggf. zugesetzt wurden. Hinweise darauf sind in den Schliffbildern jedoch nicht zu erkennen. Die gegebenen Werte sind abhängig von der Messposition, da die Porosität hauptsächlich nahe der nach oben gerichteten Fläche eines Bauteils auftritt. Da die Menge des Abtrags von den Bauteilen bei der Schliffbilderzeugung nicht bekannt ist, sind die dargestellten Ergebnisse nur qualitativer Natur.

8.2.2 Lichtverteilung und Auswertung

Der Lichtstrom des Systems ist ein Maß für den Reflexionsgrad des Reflektors, wobei die einzelnen Wellenlängen spektral gemäß der Empfindlichkeit des menschlichen Auges ($V(\lambda)$) gewichtet werden. Zu beachten ist, dass ein gewisser Teil des vom Leuchtstoff emittierten Lichts prinzipbedingt am Reflektor vorbeigelangt und für einen konstanten, geringen Offset der Messergebnisse sorgt.

Der emittierte Lichtstrom des SLS-Reflektors ist am größten, was sich vor allem durch den höheren Reflexionsgrad von Silber im Vergleich zu Aluminium für sichtbares Licht ergibt (Tab. 8.2). Zusätzlich ist der nicht beschichtete Aluminiumreflektor anfälliger für reflexionsmindernde Korrosion als der mit einem Schutzlack versehene Silberreflektor. Legierungsbedingt ist der Reflexionsgrad des SLM-Reflektors am geringsten. Diese Ergebnisse decken sich mit den im vorherigen Kapitel dargestellten.

Die maximale Lichtstärke ist ein Maß für die geometrische Exaktheit des Reflektors, welcher mit seiner Ausprägung als Rotationsparaboloid zur Erzeugung einer hohen Lichtstärke optimiert ist. Hier weist der gefräste Reflektor den besten Wert auf. Der SLM Reflektor liefert nur eine geringe Lichtstärke, was zum einen an dem geringeren Reflexionsgrad des Materials liegt, zum anderen an den Geometrieabweichungen. Letzteres ist auf das geometrisch unbestimmte Nachbearbeitungsverfahren zurückzuführen. Der SLS-Reflektor wurde in mehreren Zyklen gefillert und per Hand geschliffen, um die Oberflächenrauheit vor der Silberbeschichtung zu verringern. Dieses Verfahren ist deut-

Tab. 8.2 Lichtstrom und maximale Lichtstärke der Musterreflektoren

Verfahren	Lichtstrom [lm]	max. Lichtstärke [cd]
Fräsen	164,4	80780
SLM	125,4	24970
SLS, beschichtet	183,7	64310

lich besser geeignet, um präzise Reflektorflächen zu erzeugen, was an der hohen Lichtstärke, die dieses System erzeugt, deutlich wird.

In Abb. 8.3 sind die Lichtverteilungen, welche die Reflektoren erzeugen, dargestellt. Ein ideal gefertigtes und justiertes System würde eine zu $H = 0°$ symmetrische Lichtverteilung erzeugen. Der wellige Verlauf der Linien bei niedrigen Candelazahlen ist messtechnisch bedingt.

Die Lichtverteilung des SLS-Reflektors ist vergleichbar mit der des gefrästen Referenz-Reflektors. Geringe, fertigungs- bzw. justagebedingte Abweichungen sind bei beiden Systemen sichtbar. Insbesondere ist das Lichtbild des SLS-Reflektors vertikal breiter, was auf eine leichte geometrische Abweichung der Funktionsfläche schließen lässt.

Die Lichtverteilung des SLM-Reflektors erscheint kleiner als die der anderen Reflektoren. Ursache hierfür ist der geringere Lichtstrom des Systems. In horizontaler Richtung ist die Präzision der Lichtverteilung gut, vertikal ist hier eine signifikante Aufweitung festzustellen.

8.3   Konzept des Zusatzfernlichts

Nachfolgend wird der Entwurf eines Reflektors für einen Zusatzfernlicht-Spot betrachtet. Die optische Funktionsfläche ist aus 25 Facetten zusammengesetzt, die jeweils Paraboloid-Segmente sind (Abb. 8.4 und 8.5). Für diesen Freiformreflektor ist eine präzise Fertigung notwendig, was auch die Nachbearbeitung des AM-Bauteils betrifft.

Der Reflektor wird einerseits spanend auf einer 5-Achs-Fräse hergestellt, andererseits im SLM erzeugt, wobei die Funktionsflächen des SLM-Reflektors auf der gleichen Fräse nachbearbeitet werden. Dieses stellt eine hohe Geometriepräzision sicher und ist mit anderen Nachbearbeitungsverfahren kaum zu realisieren (vergleiche Abschn. 8.2).

Für die Funktion des Zusatzfernlichts ist es wichtig, dass das Licht der vier eingesetzten Laserdioden im Brennpunkt des Reflektors auf den Leuchtstoff trifft. Hierzu kann die Richtung der Laserstrahlen durch Justagespiegel eingestellt werden, welche an zusätzlichen Armen an beiden Seiten des Hauptreflektors angebracht sind. Einerseits führen diese zusätzlichen Arme zu einer komplexen Form des Reflektors, andererseits bieten die Verbindungen zwischen Reflektor und Justagespiegeln ein steifes System mit niedrigem Wärmewiderstand. Daher wird die Ausrichtung der Justagespiegel nur geringfügig durch die Betriebstemperatur des Systems beeinflusst.

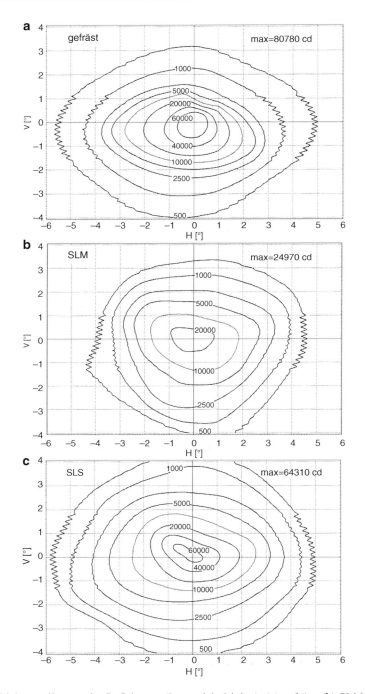

Abb. 8.3 Lichtverteilungen der Reflektoren (Isocandela-Linien), (**a**) gefräst, (**b**) SLM, (**c**) SLS

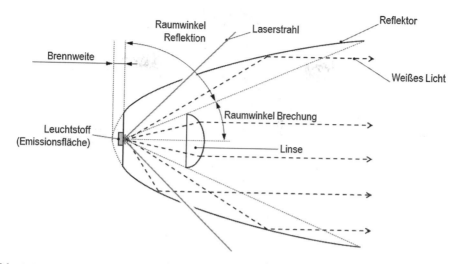

Abb. 8.4 Konzept des Reflektors [5]

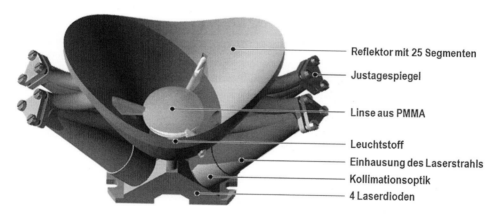

Abb. 8.5 CAD-Modell des Reflektors nach [6]

Zur weiteren Formgebung des Lichtkegels wird eine Linse eingesetzt, da bei dem gewählten Reflektorkonzept nicht das gesamte emittierte Licht auf die Reflektorober-fläche trifft. Diese spanend hergestellte Linse wird im Verlauf des Artikels nicht weiter betrachtet. Das Gesamtmodul mit vier Laserdioden ist in Abb. 8.5 dargestellt.

8.4 Validierung des Reflektors

8.4.1 Geometrie

Die Oberflächenqualität von SLM-Bauteilen ist stark von der Ausrichtung im Bauraum abhängig. Üblicherweise ist sie bei den nach oben weisenden Flächen am größten, so dass die Spiegelflächen des Reflektors für die Fertigung nach oben orientiert werden.

Die tatsächlich erzeugte Geometrie des Bauteils hängt stark von der eingebrachten Laserleistung ab. Parameter dieser Betrachtung ist analog zu Abschn. 8.2 der Energieeintrag pro Fläche nahe der Bauteiloberfläche. Dieser Wert beeinflusst maßgeblich die Oberflächenrauheit und die Exaktheit, mit welcher filigrane bzw. dünnwandige Strukturen erzeugt werden.

Diese Auswirkungen werden anhand von acht Reflektoren untersucht, welche auf einer *EOS M290* mit Argon als Inertgas hergestellt werden. Im Gegensatz dazu sind alle anderen hier betrachteten Bauteile auf einer vergleichbaren *EOS M280* mit Stickstoff bzw. Argon als Schutzgas erzeugt worden.

Der Leistungseintrag für die acht Reflektoren ist in Tab. 8.3 angegeben. Die Energiemenge bei Probe Nr.1 entspricht der der Testkörper DP1 und DP2 während bei der Probe Nr.8 ein Wert zwischen dem bei DP1/DP2 und DP3/DP4 gewählt wurde. Zusätzlich wird die Geschwindigkeit des Laserstrahls auf der Bauteiloberfläche verändert, was hier nicht dargestellt ist.

Wird Vergleichsweise wenig Energie in die Fläche eingebracht, so können Bauteile mit scharfen Kanten erzeugt werden, vergleiche Reflektor Nr.1 in Abb. 8.6. Ein erhöhter Energieeintrag führt zu einer Verbreiterung der Kante und außerdem zu einer Deformation, welche parallel zu der Kante des Reflektors dessen die Innenfläche nahezu vollständig umgibt (Nr.8). Andererseits werden die Facetten des Reflektors bei höheren Energie-

Tab. 8.3 Herstellparameter und Oberflächenrauheit der gesinterten Reflektoren [3]

Reflektor	Laserleistung pro Fläche (Faktor)	Sandgestrahlt		Keine Nachbearbeitung		Gewicht [g]
		Ra [µm]	Rq [µm]	Ra [µm]	Rq [µm]	
Nr.1	1,0	13,19	16,93	16,49	21,24	48,018
Nr.2	1,0	18,35	23,37	17,97	23,37	49,453
Nr.3	1,9	14,35	17,95	18,45	24,34	49,750
Nr.4	2,0	14,89	18,69	18,89	23,81	50,925
Nr.5	2,3	12,97	16,61	22,93	30,72	51,340
Nr.6	3,2	9,40	11,87	19,43	21,60	51,409
Nr.7	3,3	12,31	15,32	17,26	21,42	52,244
Nr.8	4,4	8,53	10,63	7,12	9,79	52,541

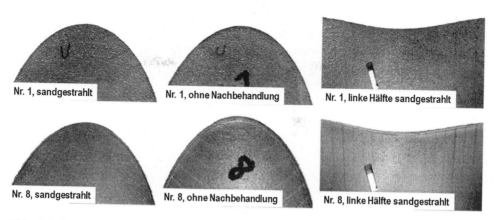

Abb. 8.6 Fotos der gesinterten Reflektoren Nr.1 und Nr.8 nach [3]

mengen deutlicher herausgearbeitet, was vor allem an den nicht sandgestrahlten Flächen sichtbar wird.

Offensichtlich sind die beiden Effekte konträr zueinander: Auf der einen Seite führt eine niedrigere Energiemenge zu scharfen Kanten der Reflektorkontur ohne störende Deformation, auf der anderen Seite werden die Facetten erst bei höherem Energieeintrag gut herausgearbeitet.

8.4.2 Oberflächenrauheit

Neben der Formpräzision ist die Oberflächenrauheit für optischer Reflektoren ein entscheidendes Kriterium. Für SLM Bauteile ist hier eine Nachbearbeitung zwingend erforderlich. Doch je geringer die Oberflächenrauheit der Rohteile ist, desto geringer kann der Nachbearbeitungsaufwand ausfallen und desto „geometrisch ungenauer" darf das Nachbearbeitungsverfahren sein. Handschleifen oder Handpolieren sind nur möglich, wenn die Rauheit der SLS Bauteile bereits sehr gering ist.

Die Oberflächenrauheit Ra der unbehandelten Bauteile liegt im Bereich von 20 μm bis 30 μm, was nach [7] der von Gussbauteilen entspricht (vergleiche Tab. 8.3). Der mit dem höchsten lokalen Energieeintrag erzeugte Reflektor besitzt eine deutlich glattere Oberfläche.

Üblicherweise werden SLM-Bauteile zuerst durch Sandstrahlen nachbearbeitet, wodurch das Material verdichtet wird und Pulveranhaftungen entfernt werden. Außerdem werden dadurch Spitzen der Oberflächenrauheit nivelliert. Fast alle Reflektoren weisen auf der sandgestrahlten Fläche eine geringere Rauheit in Ra und Rq auf als auf der nicht behandelten. Die Ausnahmen hiervon sind nicht signifikant und können durch Messunsicherheiten verursacht sein.

Auffällig ist, dass das Gewicht der Reflektoren mit steigendem Energieeintrag zunimmt. Der Unterschied zwischen Reflektor Nr.1 und Nr.8 beträgt 9,4 %, wobei die Supportstruktur mit gewogen wurde. Dieser signifikante Unterschied verdeutlicht die Tatsache, dass bei erhöhtem Energieeintrag die Konturen des Bauteils aufgedickt werden, was sich besonders bei dünnwandigen oder filigranen Strukturen des Reflektors bemerkbar macht. Die Seitenwände des Reflektors sind ca. 2 mm stark, so dass dieser Effekt ins Gewicht fällt.

8.4.3 Nachbearbeitung

Sowohl der gefräste als auch der im SLM erzeugte Reflektor müssen nachbearbeitet werden. Der nachfolgend betrachtete SLM-Reflektor wird mit einem geringen Energieeintrag gefertigt, um möglichst wenig geometrische Abweichungen aufzuweisen. Außerdem ist der Reflexionsgrad des Materials bei diesen Parametern vergleichsweise gut, vergleiche Abschn. 8.2. Der hier betrachtete Reflektor wird abweichend von den in Abschn. 8.2 betrachteten Probekörpern mit Stickstoff statt Argon als Schutzgas gefertigt.

Sowohl bei dem SLM- als auch bei dem gefrästen Reflektor werden die Gewinde per Hand geschnitten. Die Montageschlitze für die Linse müssen beim gefrästen Reflektor nachbearbeitet werden, wohingegen sie im SLM-Verfahren passgenau dargestellt wurden. Einige der Bohrungen des SLM-Reflektors müssen per Hand nachbearbeitet werden, was jedoch keinen nennenswerten Mehraufwand bedeutet.

Wichtig und zeitintensiv ist allerdings die Nachbearbeitung der Spiegelfläche des SLM-Bauteils. Diese wird durch 3-achsiges Fräsen nachbearbeitet, um eine möglichst präzise Geometrie zu erzeugen. Wie auch der gefräste Reflektor wird der SLM-Reflektor anschließend poliert. Demzufolge sollte die Geometrie beider Reflektoren nahezu identisch sein, so dass Unterschiede in der erzeugten Lichtverteilung vom abweichenden Reflexionsgrad herrühren.

8.4.4 Lichtverteilung

Das Laserlichtmodul ist so ausgelegt, dass es ein in vertikaler Richtung stark begrenztes Lichtbündel abstrahlt, wobei in der Mitte eine hohe Intensität erzeugt wird. Der gefräste Prototyp emittiert einen Lichtstrom vom 245 lm in den in Abb. 8.7 dargestellten Winkelbereich von horizontal +/−15° und vertikal +4°/−6°. Im Vergleich dazu liefert der SLM-Prototyp 196 lm. Die Ergebnisse bestätigen den in Abschn. 8.2 beschriebenen geringeren Reflexionsgrad des SLM-Materials. In beiden Systemen kommt zusätzlich zu dem hier betrachteten Reflektor eine PMMA-Linse zum Einsatz, welche einen konstanten Lichtstrom in diesen Winkelbereich abstrahlt. Aufgrund dieses konstanten Offsets kann aus dem gemessenen Lichtstrom kein Verhältnis der Reflexionsgrade beider Reflektoren berechnet werden.

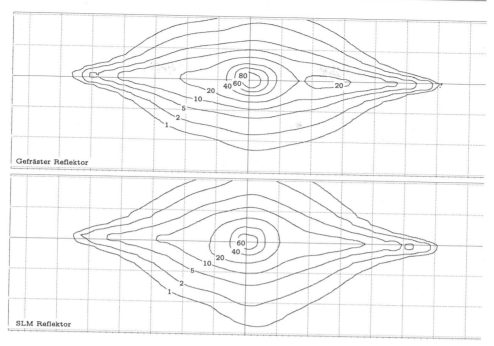

Abb. 8.7 Lichtverteilungen der Zusatzfernlichtmodule (Isolux-Linien) [3]

Die Lichtverteilung der beiden Systeme ist in Abb. 8.7 dargestellt. Die leichte Asymmetrie, welche in beiden Fällen auftritt, liegt an den Montagebeinen der Linse, welche als Stylinggründen nicht symmetrisch zur Vertikalen angeordnet sind. Beide Lichtverteilungen sind nahezu identisch, die des SLM-Reflektors weist niedrigere Luxwerte auf. Die Lichtverteilung des SLM-Reflektors ist zudem vertikal etwas aufgeweitet. Ursache hierfür kann eine leicht ungenaue Positionierung der Leuchtstofffläche im Reflektor oder eine abweichende Justage der Laserdioden auf dem Leuchtstoff sein. Auch Unregelmäßigkeiten beim spanenden Nachbearbeiten der Funktionsfläche sind möglich.

8.4.5 Fertigungszeit und Aufwand

In Tab. 8.4 sind typische Zeiten für die jeweiligen Herstellungsschritte der beiden Reflektoren angegeben. Diese Werte hängen stark von den verwendeten Maschinen und Werkzeugen sowie dem Know-How des Bedieners ab. Daher können sie lediglich als Indikator genutzt werden. In unserem Fall wird eine *imes-icore 4030 μ premium* HSC-Frä-

Tab. 8.4 Vergleich der Prozessschritte HSC und SLM nach [3]

| Schritt | High-Speed Fräsen | | Selektives Lasersintern | |
	Zeit [h]	Prozessschritt	Zeit [h]	Prozessschritt
1	*	Erzeugung CAD-Modell	*	Erzeugung CAD-Modell
2	6,0	CAD/CAM	0,5	Erzeugung Stützstrukturen
3	1,0	Maschinenvorbereitung	3,0	Maschinenvorbereitung
4	6,0	Fräsen	5,5**	Selektives Lasersintern
5		—	0,5	Entfernen von Stützstrukturen
6	***	Nachbearbeitung	***	Nachbearbeitung

*Nicht untersucht
**8 Reflektoren gleichzeitig: 14 h (1,8 h pro Reflektor)
***siehe Abschnitt Nachbearbeitung

se und die bereits erwähnte *EOS M280* mit Stickstoff als Schutzgas eingesetzt. Die Verwendung von Stickstoff als Schutzgas ist bei EOS nicht vorgesehen, jedoch Standard bei anderen Herstellern. Die verwendete Schichtstärke beträgt 30 µm.

Da die Form des Reflektors mit den seitlichen Haltern für die Justagespiegel relativ komplex ist, muss das Bauteil auf der Fräse aus verschiedenen Richtungen bearbeitet werden. Das erfordert einen erhöhten CAD/CAM-Aufwand. Die Nachbearbeitung der Spiegelfläche des SLM-Reflektors auf der Fräse hingegen kann 3-achsig erfolgen, so dass der CAD/CAM-Aufwand vergleichsweise gering ist.

Als Summe der Vorbereitungs- und Fertigungszeiten ergeben sich 9,5 h für einen SLM-Reflektor und 13 h für den gefrästen, wobei die Geometrieerstellung nicht berücksichtigt wurde. Die Nachbearbeitung des SLM-Reflektors einschließlich Fräsen benötigt ca. 2 h mehr Zeit als aus dem Vollen gefrästen Bauteil, so dass in Summe bei diesem Beispiel ca. 1,5 h Fertigungszeit durch Einsatz von SLM gespart werden können. Der betrachtete Reflektor wurde im Hinblick auf spanende Fertigung gestaltet. Die Zeitersparnis würde sicherlich noch größer ausfallen, wenn die Reflektorgeometrie für die SLM-Fertigung optimiert würde. Die gleichzeitige Fertigung einer kleinen Serie von Bauteilen reduziert die Bauzeit ebenfalls (vergleiche Tab. 8.4).

Andererseits müssen die Kosten für die SLM-Anlage und das verwendete Material berücksichtigt werden. Der große Vorteil beim Einsatz von SLM ist, dass komplexe Geometrien ohne großen Programmieraufwand erzeugt werden können. Funktionsflächen müssen spanend nachbearbeitet werden (in diesem Fall die Spiegel- und eine Montagefläche sowie Bohrungen), während alle anderen Flächen unbehandelt bleiben können. Außerdem ist der Fräsprozess des Nachbearbeitens typischerweise deutlich einfacher als das spanende Herausarbeiten der gesamten Bauteilgeometrie, so dass Anwenderfehler seltener auftreten.

8.5 Zusammenfassung und Ausblick

Mit den Verfahren SLS und SLM werden optische Reflektoren gefertigt und ihre licht-technischen Eigenschaften bewertet. Besonderes Augenmerk kommt dem Einsatz geeigneter Nachbearbeitungsverfahren zu, da die Oberflächenqualität der AM Bauteile für optische Komponenten nicht ausreicht.

SLS weist in Kombination mit einer reflektierenden Beschichtung ein großes Potential auf. Untersucht wird der Einsatz von chemisch aufgetragenem Silber, was hinsichtlich des Reflexionsgrades die gefräste Referenz aus Aluminium übersteigt. SLM ist dadurch attraktiv, dass thermisch stabile Bauteile gefertigt werden können, die bereits aus reflektierendem Material bestehen. Der Reflexionsgrad der betrachteten Legierung bleibt hinter dem Referenzmaterial zurück. Die Oberflächenqualität und Formtreue des erzeugten Bauteils hängen stark von der eingebrachten Laserleistung ab, wobei eine hohe Laserleistung zu glatteren Oberflächen führt, feine Konturen allerdings bei geringerem Energieeintrag besser herausgearbeitet werden. Auch der Reflexionsgrad des Materials ist nach den durchgeführten Untersuchungen abhängig von der eingebrachten Laserleistung. Durch den Einsatz einer anderen Metalllegierung sollte es möglich sein, auch mittels SLM Bauteile mit höherem Reflexionsgrad zu erzeugen. Aufgrund der Tatsache, dass beim Einsatz der SLM-Technologie nur Funktionsflächen nachbearbeitet werden müssen, lässt sich im Vergleich zu 5-achsigem Fräsen signifikant Zeit sparen. Der CAD/CAM-Aufwand ist stark reduziert, zudem werden durch einfachere Bearbeitungsschritte Anwenderfehler minimiert. Durch diese Zeitersparnis kann sogar mit einer Verringerung der Herstellungskosten durch den Einsatz von SLM für optische Freiform-Reflektoren gerechnet werden.

Literatur

1. Fries B, Gut C, Laudenbach T, Mühlmeier M (2014) Laserlicht für den Rennwagen Audi R18 E-Tron Quattro. Automob Z 116(6):38–42
2. BMW (2014) BMW Laserlicht geht in Serie – Der BMW i8 ist das erste Serienfahrzeug mit der innovativen Lichttechnologie. online verfügbar unter https://www.press.bmwgroup.com/deutsch land/pressDetail.html?title=bmw-laserlicht-geht-in-serie-der-bmw-i8-ist-das-erste-serienfahrzeug-mit-der-innovativen&outputChannelId=7&id=T0165849DE. Zugegriffen am 29.09.2015
3. Lachmayer R, Wolf A, Kloppenburg G (2015) Rapid prototyping of reflectors for vehicle lighting using laser activated remote phosphor. SPIE Photonics West, San Francisco, Proc. SPIE Vol. 9383
4. Naumann H, Schröder G (1992) Bauelemente der Optik, 6. Aufl. Carl Hanser Verlag, Munich

5. Lachmayer R, Wolf A, Kloppenburg G (2014) Lichtmodule auf Basis von laseraktiviertem Leuchtstoff für den Einsatz als Zusatzfernlicht. 6. VDI-Tagung Optische Technologien in der Fahrzeugtechnik//VDI-Berichte 2221, S 31–44. VDI-Verl., Düsseldorf

6. Lachmayer R, Wolf A, Danov R, Kloppenburg G (2014) Reflektorbasierte Laser-Lichtmodule als Zusatzfernlicht für die Fahrzeugbeleuchtung. Licht 2014, Nederlandse Stichting Voor Verlichtungskunde (Hrsg), S 16–24

7. Deutsche Industrie Norm (DIN) 4766-2 (1981) Herstellverfahren der Rauheit von Oberflächen – Erreichbare Mittenrauhwerte Ra nach DIN 4768 Teil 1, zurückgezogen

Potentiale im Produktdesign

9

Robert Jan Wyszka

Additive Manufacturing hat in den vergangenen Jahren in mehrfacher Hinsicht Einfluss auf die Entwicklung im Industrial Design gezeigt. Zunächst werden die Technologien des Additive Manufacturing als Erweiterung verfügbarer Möglichkeiten des Prototypenbaus, insbesondere im Zusammenspiel der Modellierung in 3D-Konstruktions- und Designsystemen, herangezogen.

Des Weiteren ermöglicht das Additive Manufacturing bisher nicht herstellbarer Gestaltungsmöglichkeiten, was in einer völlig neue Formsprachen mit beliebiger Funktionsintegrationen resultiert.

Neben der direkten Auswirkung des Additive Manufacturing auf die Qualität von (Muster-) Bauteilen ergeben sich neue Möglichkeiten der Rollenverteilung zwischen Stakeholdern aus Entwicklung, Produktion und Vertrieb sowie der Kundschaft. Durch die Einbeziehung der Kunden in den Entwurfsprozess entstehen neue, innovative Geschäftsmodellen.

9.1 Einleitung

Kürzere Entwicklungszyklen, globale Zusammenarbeit und kompliziertere Produkte zwingen sowohl zur domänenübergreifenden intensiven Kommunikation zwischen den Experten aus Design und Technik in frühen Entwicklungsphasen als auch zum Austausch mit potentiellen Kunden. *Additive Manufacturing (AM)* bietet in diesem Kontext in Kombination mit den klassischen Modellbau die Möglichkeit schnell von 3D-Geometriemodellen zu Hardware und damit physischen Bewertung von Entwürfen und Varianten zu

R.J. Wyszka (✉)
Institut für Produktentwicklung und Gerätebau (IPeG), Hannover, Deutschland
E-Mail: wyszka@ipeg.uni-hannover.de

© Springer-Verlag Berlin Heidelberg 2016
R. Lachmayer et al. (Hrsg.), *3D-Druck beleuchtet*,
DOI 10.1007/978-3-662-49056-3_9

103

kommen. Dadurch können Fehleinschätzungen und Iterationsschleifen reduziert werden. Durch die Nachbearbeitung der AM Bauteile können realistisch anmutende, teilweise auch funktionale, Mock-Ups umgesetzt werden. Der Prozess zur Finalisierung eines additiv hergestellten Musters, wird in Abschn. 9.2 am Beispiel eines Kfz-Schlüssels dargestellt.

Neue Formsprachen und hohe Funktionsintegration durch die Möglichkeiten des AM führen neben funktionalen Aspekten, wie zum Beispiel einer bestmöglichen Gewichtsreduktion, zu eigenständigen ästhetischen Lösungsansätzen. In Abschn. 9.3 wird, am Beispiel eines humanoiden Roboters, auf diese Möglichkeiten eingegangen sowie exemplarische Lösungsansätze dargestellt.

Als weiterer Impact des AM konnte die geänderte Rollenverteilung identifiziert werden, bei welcher der Kunde zunehmend in die Rolle des Produzenten gerät. Am Beispiel eines modularen Konzepts einer Kaffeemaschine, werden in Abschn. 9.4 Aspekte des (mass-) customization untersucht.

9.2   Prototypenbau

Bei der Gestaltung von kundenorientierten Produkten setzen viele Hersteller und Produzenten mittlerweile auf die Integration des Nutzers in die Produktentwicklung. Beliebige Produkte, die durch Marketinganalysen definiert werden, können ohne die Rückmeldung von zukünftigen Nutzern schnell ihren Zweck verfehlen oder eine Interaktion mit dem Endprodukt vor unvorhersehbare Probleme stellen.

Um diese Probleme im Produktentwicklungsprozess frühzeitig zu erkennen, ist der Prototypenbau ein wichtiger Aspekt im Regelkreis der Entwicklung. Die Möglichkeit mit AM in kürzester Zeit eine Vielzahl an qualitativ hochwertigen physischen Modellen zu erstellen, erlaubt die Einbeziehung weiterer Bewertungsparameter. Durch eine hohe Anzahl an Varianten und eine zeitnahe Modifikation von 3D-Datensätzen ist das Entwicklungspotenzial von Optimierungen enorm. Evaluationen, in Interaktion mit den Nutzern, können anhand der Prototypen erfolgen, sodass eine Verbesserung in der Produktentwicklung resultiert.

Abbildung 9.1 zeigt maßstabsgerechte Modelle eines Kfz-Schlüssels, die gedruckt und im Anschluss bewertet wurden. Anhand eines physischen Modells können ergonomische Aspekte gut betrachtet und abgeschätzt werden. Infolgedessen werden relevante Modifikationen für das Design oder die Funktionalität schnell erkannt. Dadurch können die Kosten, welche zur späteren Nachbearbeitung notwendig sind, reduziert werden.

Anhand von physikalischen Modellen können Trennfugen und Aushebeschrägen genauer betrachtet und somit auf die Verfahren zur Serienproduktion angepasst werden. Ästhetische Aspekte oder Anforderungen können durch eine weitere Bearbeitung der gedruckten Polyamid Bauteile erfolgen.

Die Bearbeitungsschritte sind vergleichbar mit denen im konventionellen Modellbau. Durch mehrfaches Schleifen, Grundieren, Lackieren oder Folieren der Bauteile wird eine

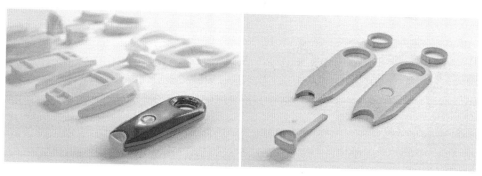

Abb. 9.1 Maßstabsgerechte Modelle eines Kfz-Schlüssels (Material: PA2200)

Abb. 9.2 SLM-Modell vor und nach der Finalisierung

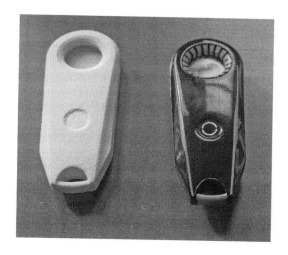

Endproduktnahe Wertigkeit erzielt, welche dem Betrachter den Design-Impact des späteren Serienbauteils vermittelt. Abbildung 9.2 zeigt einen Prototyp vor und nach der Finalisierung.

9.3 Neue Formsprache durch Additive Manufacturing

Die nahezu unbegrenzten Möglichkeiten der Formgebung, die durch AM ermöglicht werden, wirken sich auf die ästhetische Wahrnehmung von Produkten aus. Für die massentaugliche Implementierung dieser Formmöglichkeiten wird es wahrscheinlich noch einige Jahre benötigen, jedoch ist der aktuelle Ausblick aussichtsreich. Die Vorgaben, die durch das Korsett der mechanischen Fertigung aufgezwungen werden, lassen sich mit neuen AM Verfahren neu definieren. Dank dieser Freiräume ist eine neue ästhetische Qualität der Produktgestaltung möglich. Funktionen lassen vorhanden Anbau-

Abb. 9.3 Designprozess – Humanoider Roboter

teile mit dem Produkt verschmelzen oder werden scheinbar übergangslos integriert. Gewichtseinsparungen durch raffinierte Innenstrukturen erschaffen neue Möglichkeiten der Formsprache und erzeugen dadurch ein Qualitätsmerkmal, welches als zukunftsweisend und innovativ wahrgenommen werden kann. Der Blick der Kreativität kann dabei Richtung Natur abschweifen und bislang noch nicht mögliche Strukturen implementieren. Zusammenführen von Bauteilen und eine Reduzierung der Komplexität ist dabei eine Möglichkeit der gestalterischen Ausrichtung die durch die neuen Fertigungsverfahren möglich ist.

Bei der Entwicklung nachhaltiger Designlösungen ist ein methodischer Entwicklungsprozess essenziell. Dabei können Ansätze, wie das *Design Thinking* und das *Human-Centered Design*, als nützliche Werkzeuge eingesetzt werden.

Am Beispiel eines humanoiden Roboters (Abb. 9.3) wurde die Formsprache der Interaktion von Menschen bzw. Nutzern analysiert. Positive Beeinflussungen wurden dabei explizit hervorgehoben. Für diesen Zweck wurden Kopfvariationen anhand von positiven Facetten der menschlichen Mimik erstellt. Um die gestalterische Entwicklung in ersten Skizzen festzuhalten, wurden weiterhin Stimmungsbilder zusammengetragen.

In einem nächsten Schritt wurden verschiedene Lösungsvarianten bewertet. Um beispielsweise den Korpus entsprechend seiner Funktion zu gestalten und dabei mechanische Elemente zu integrieren wurden weiterhin Teillösungen überarbeitet. Die Konzeption resultiert in die Erstellung weiterer Entwürfe, welche detailliert ausgearbeitet wurde. Mit dem Ziel diverse AM Modelle als Basis für weitere Diskussionen zu verwenden, durchläuft der Gestaltungsprozess einige Iterationsschleifen bis hin zum fertigen Redesign.

9.4   Mass customization und geänderte Geschäftsmodelle

Im Hinblick auf die unzähligen Anwendungsgebiete der „Individualisierung von Produkten" ist das AM ein maßgeblicher Treiber dieser Trendbewegung. Dabei hat sich die konventionelle Rollenverteilung, die ein Designer im konventionellen Sinne einnimmt, erheblich geändert.

Durch den Einsatz von webbasierte Applikationen kann ein Endverbraucher ein individual angepasstes Produkt erstellen. Am Beispiel einer webbasierten Eingabemaske, welche die Anforderungen an eine Kaffeemaschine spezifiziert, kann der Kunde seine Kaffeemaschine personalisieren und dahingehend modifizieren, dass der gesamte gestalterische Duktus seinen ästhetischen Ansprüchen genügt. Dabei rückt die Frage der Qualität in den Hintergrund, wenn die Kombinationsmöglichkeiten ausreichend vorhanden sind. Der Endverbraucher kann oder muss sich selber entscheiden und wird zum Designer. Dabei verschmilzt die Rollenverteilung der des Kunden und des Produzenten zunehmend. Mittels mathematischer Algorithmen werden dabei die Rahmenbedingungen der Konfiguration abgesteckt, sodass ausschließlich kompatible Lösungsvarianten durch den Kunden generiert werden können.

Sicherheitsaspekte – Ein Thema für die Aus- und Weiterbildung?!

Ilka Zajons und Klaus Nowitzki

Eine neue Technologie ist auf dem Vormarsch: Die additive Fertigung. Viele Anwender sind begeistert von den Möglichkeiten, die sich mit der flexiblen Fertigung von einzelnen Komponenten, zum Beispiel im Prototypenbau, in der Kleinserienfertigung aber auch im Heimbereich, bieten. Dieser Beitrag beleuchtet die Sicherheitsaspekte, die bei der Anwendung der neuen Technologie nicht vergessen werden dürfen, und die Bedeutung der Aus- und Weiterbildung für dieses Thema.

10.1 Der Schlüssel zum Erfolg: Eine sichere Technologie

Der amerikanische Präsident B. Obama hat die additive Fertigung (häufig auch mit dem Synonym „3D-Druck" bezeichnet) zur Chefsache erklärt und dies mit der Gründung eines zweiten nationalen Forschungszentrums (Anschubfinanzierung 70 Mio. USD) untermauert; mit der Gründung einer Technologieplattform ‚Additive Manufacturing' und dem dazugehörigen Forschungsförderungsprogramm hat die EU die wirtschaftspolitische Bedeutung ebenfalls deutlich unterstrichen und China investiert in diesem Schlüsseltechnologiebereich mehrere hundert Millionen USD (geschätzt 245 Mio. USD) [1]. So wünschenswert diese Entwicklung für die 3D-Drucktechnologien ist, so sehr muss sie aber auch unter Sicherheitsaspekten begleitet werden. Optischer Strahlenschutz sowohl kohärenter als auch inkohärenter Strahlung ist dabei ein Schlüsselelement.

I. Zajons (✉) • K. Nowitzki
LZH Laser Akademie GmbH, Hannover, Deutschland
E-Mail: zajons@lzh-laser-akademie.de; kontakt@lzh-laser-akademie.de

© Springer-Verlag Berlin Heidelberg 2016
R. Lachmayer et al. (Hrsg.), *3D-Druck beleuchtet*,
DOI 10.1007/978-3-662-49056-3_10

Im Heimbereich sind nur Komponenten und Geräte zugelassen, die im Sinne des Strahlenschutzes inhärent sicher sind. In der Vergangenheit war dieses Thema – primär ausgerichtet auf den Laserstrahlenschutz – daher im Wesentlichen nur für die Industrie von Bedeutung. Dies wird sich jedoch im Zuge einer weiten Verbreitung von photonikbasierten Technologien und Komponenten dramatisch ändern. Das Beispiel des Siegeszuges der 3D-Drucktechnik in bisher nicht photonikaffine Berufsfelder wie z. B. Modellbau, Design, Schmuckherstellung und Kunst, macht deutlich, dass optischer Strahlenschutz auf einmal für eine breite Anwenderschaft relevant wird. Nicht umsonst sind bereits 2013 warnende Stimmen laut geworden: *„Scientists warn of 3D printing health effects as tech hits high street"* [2]. Kommen z. B. Laserdioden ins Spiel und dies wird auch im Heimbereich so sein, wenn Metall-Sinteranlagen für den ‚Maker' preisgünstig zur Verfügung stehen, werden photonische Komponenten eingesetzt, die ein Grundwissen um die Strahlungssicherheit erforderlich machen. Hinzu kommen im Falle des 3D Drucks mit Polymeren die Emissionen, die bei der Erhitzung der verwendeten Kunststoffe entstehen. Im Metallbereich muss sich der Anwender den sicheren Umgang mit lungengängigen Metallpulvern aneignen, die zudem explosionsgefährlich sind.

Zwar gehen von der Anlage selber z. B. auch direkte elektrische, thermische oder mechanische Gefährdungen aus, jedoch sollen diese hier außen vor bleiben, da es sich dabei nicht um spezifische Gefährdungsfaktoren der 3D-Drucktechnologien handelt. Auf die beiden Aspekte der prozessspezifischen Emissionen und des optischen Strahlenschutzes soll dagegen nachfolgend eingegangen werden.

Dass diese Gefährdungsfaktoren nicht in Gänze durch Laien beurteilt werden können, ist evident. Das notwendige Hintergrundwissen z. B. zu den optischen Eigenschaften des menschlichen Auges (im Falle des Einsatzes von Strahlquellen) oder aber zur alveolären Partikeldeposition beim Einatmen durch Mund und Nase, sind nicht die vorrangigen Themen, mit denen sich ein Laie auseinandersetzt, wenn er gerade einmal ein Ersatzteil für den defekten Staubsauger drucken will.

Ein umfassendes Sicherheitskonzept mit vorrangig technischen Schutzmaßnahmen und einer guten Aufklärung über den sicheren Betrieb kann daher nur durch den Hersteller eines 3D-Druckers geleistet werden. Und aufgrund der Herstellerhaftung ist er dazu auch verpflichtet.

Für gekaufte Anlagen gilt mithin: ‚eigentlich ist die Anlage sicher . . .', aber es gilt beispielsweise eben auch: Je nach verwendetem Material kann es zu toxischen Gefährdungen durch Überhitzung von Verbrauchsmaterial kommen. Die Betriebstemperaturen sind genau einzuhalten! (entnommen aus einer Betriebsanleitung eines 3D Druckers für Kunststoffmaterialien).

Selbst bei gekauften verwendungsfertigen Anlagen ist beim Betrieb also darauf zu achten, dass die entstehenden Emissionen abgesaugt und gefiltert werden, oder die Geräte an Orten betrieben werden, die ausreichend belüftet sind, um die Partikelkonzentration in der Atemluft möglichst gering zu halten (Abb. 10.1).

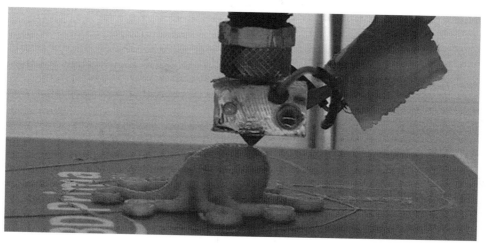

Abb. 10.1 Bei der Verwendung von ABS-Filamenten und anderen Kunststoffen können gesund-heitsschädliche Stoffe entstehen

Der Erfolg der 3D-Drucktechnologien wird wesentlich von der öffentlichen Akzeptanz abhängen. Bisher ist es gelungen, die Diffusion der 3D-Drucktechnologien in die gewerbliche Anwendung ohne Risikodebatten voranzutreiben. Das liegt vor allem daran, dass aufgrund der bestehenden Arbeitsschutzvorschriften weitergehende Maßnahmen durch den Betreiber vorgeschrieben sind, wenn bei der Verwendung der Maschine eine Gefährdung des Arbeitnehmers möglich ist. So ist zum Beispiel beim Einsatz von Hochleistungslasern die organisatorische Implementation eines zertifizierten Laserschutzbeauftragten vorgeschrieben. Nicht zuletzt aufgrund der bestehenden Arbeitsschutzvorschriften und der Normen zur sicheren Gestaltung von Maschinen und der klaren Verantwortung des Maschinenherstellers, ein sicheres Gesamtsystem zu liefern, konnten so Debatten um die Sicherheit der neuen Technologie verhindert werden.

10.2   Ein neues Thema in der Aus- und der Weiterbildung

In Fällen aber, in denen der, zumeist private, Anwender selbst das System zusammenstellt oder modifiziert, ist er für seine Sicherheit selbst verantwortlich. Die große Zahl von Blendattacken auf Piloten zeigt, dass offensichtlich in Teilen der Bevölkerung kein Risikobewusstsein bezüglich der Gefahren durch Laser und Hochleistungs-LED vorhanden ist. In Konsequenz wird aktuell über eine Initiative der Landesregierungen von Baden-Württemberg und des Freistaates Sachsen in den Medien berichtet, nach der Laserpointer deshalb verboten werden bzw. leistungsstärkere Pointer in das Waffengesetz aufgenommen werden sollen. Stattdessen wäre es wahrscheinlich zielführender durch Aufklärung und Ausbildung die notwendige Sensibilisierung zu erzeugen.

Wie kommt aber das Wissen um die Möglichkeiten und die sichere Anwendung der neuen Technologie in die Köpfe? In der betrieblichen Praxis beschäftigen sich heute ausschließlich Quereinsteiger, wie Ingenieure oder Praktiker, mit additiver Fertigung und additiver Anlagentechnik. Ausgebildet wurden sie in klassischen Verfahren. Weder an Hochschulen, Fachhochschulen noch an Berufsschulen sind additive Verfahren hinreichend abgebildet und Teil der Ausbildungspläne. Nach einer aktuellen Studie des Bundesinstitutes für berufliche Bildung (BIBB 2015) ist auch nicht davon auszugehen, dass es im Bereich der additiven Fertigung eigene Berufsbilder geben wird.

Vielmehr wird additive Fertigung ein Zusatzthema im Sinne eines Moduls „Innovationen im Bereich der Fertigung" sein. Zahlreiche Berufsausbildungen können davon profitieren. Dazu müssen vordringlich Modellversuche an berufsbildenden Schulen durchgeführt werden, um die technologische Weiterentwicklung in die entsprechenden Berufsbilder zu integrieren. Für die Gruppe der Facharbeiter und Techniker gilt es, Weiterbildungsmodule zu entwickeln. Basis hierfür könnten zwei neue Ausbildungsrichtlinien des DVS sein (DVS Richtlinien „Fachkraft Rapid Manufacturing mit additiven Fertigungsverfahren" in den Fachrichtungen Kunststoff und Metall).

10.3 Aufklärung tut Not!

Die genannten Gruppen – Auszubildende, Techniker und Facharbeiter – über die beschriebenen Wege zu erreichen, stellt nicht das vordringliche Problem dar. Es sind vielmehr die Laien, die ‚Maker' die es darüber hinaus zu erreichen gilt. Diese Gruppierung wird alsbald die größte Anwendergruppe darstellen und sie unterliegt gleichzeitig der höchsten Gefährdung, aufgrund des geringen spezifischen Wissens um die Gefährdungsfaktoren (Abb. 10.2). Mindestens die nachfolgenden sicherheitsrelevanten Aspekte gilt es, in die ‚Maker-Community' hineinzutragen:

- Optischer Strahlenschutz (z. B. bei Nutzung von Laserdioden) oder UV-Strahlung
- Schutz vor gesundheitsschädlichen Stoffen (Partikel und Gase/Aerosole) bei der Verwendung von Kunststoffen und der richtige Umgang mit Metallpulver
- Entflammbarkeit von Thermoplastiken und Photopolymeren, Explosionsgefahr beim Einsatz von Metallpulvern
- Besondere Maßnahmen bei Verwendung von biologischen Materialien

Zusammenfassend lässt sich feststellen, dass diese Themen für einen sicheren Umgang mit 3D-Drucktechnologien Bestandteil einer grundlegenden Weiterbildung, ausdrücklich auch für Laien, sein sollten.

Hierfür engagiert sich die LZH Laser Akademie. Seit über 10 Jahren ist sie als Weiterbildungseinrichtung in der beruflichen Weiterbildung im Bereich der Lasertechnik

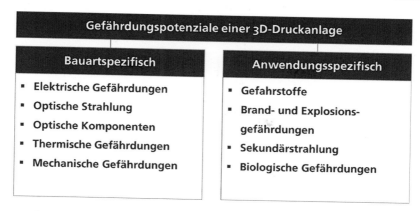

Abb. 10.2 Übersicht über die Gefährdungsfaktoren von 3D Druckanlagen

und optischen Technologien aktiv. Mit knapp 6000 Kursteilnehmern konnte sich die Akademie in dieser Zeit eine marktführende Position für Deutschland erarbeiten. Schwerpunkte der Weiterbildungsmaßnahmen sind die Themenfelder:

- Lasersicherheit in technischen und medizinischen Anwendungen
- Lasermaterialbearbeitung – Zertifizierte Weiterbildungen zur Laserstrahlfachkraft (Grundlagen, Schneidtechnik, Schweißtechnik, Oberflächentechnik inkl. additiver Fertigungsverfahren), Mikromaterialbearbeitung und Laserlöten
- Knowhow über Lasertechnik für Kaufleute
- Firmenspezifische In-House-Seminare

Derzeit baut die Akademie einen weiteren Kompetenzbereich zu 3D Druckverfahren auf. Dazu zählt die Erweiterung des Portfolios um die Ausbildung zur Fachkraft Rapid Manufacturing mit additiven Fertigungsverfahren entsprechend DVS-Richtlinie und ein Selbstlernportal für die ‚Maker-Community'.

Literatur

1. Verein Deutscher Ingenieure e.V., Fachbereich Produktionstechnik und Fertigungsverfahren (2014) Additive Fertigungsverfahren, Statusreport. www.vdi.de/statusadditiv. Zugegriffen im September 2015
2. Techworld (2015) http://www.techworld.com/news/personal-tech/scientists-warn-of-3d-printing-health-effects-as-tech-hits-high-street-3460992. Zugegriffen im August 2015

Autorenverzeichnis

Die Herausgeber

Prof. Dr.-Ing. Roland Lachmayer
Institut für Produktentwicklung und Gerätebau (IPeG)
Institutsleitung
E-Mail: lachmayer@ipeg.uni-hannover.de

M. Eng. Rene Bastian Lippert
Institut für Produktentwicklung und Gerätebau (IPeG)
Wissenschaftlicher Mitarbeiter, Methodik der Produktentwicklung
E-Mail: lippert@ipeg.uni-hannover.de

© Springer-Verlag Berlin Heidelberg 2016
R. Lachmayer et al. (Hrsg.), *3D-Druck beleuchtet*,
DOI 10.1007/978-3-662-49056-3

Dr.-Ing. Thomas Fahlbusch
PhotonicNet GmbH
Geschäftsführer, Technologiemanagement
E-Mail: fahlbusch@photonicnet.de

Die Autoren

Dr.-Ing. Matthias Gieseke
Laser Zentrum Hannover e.V. (LZH)
Wissenschaftlicher Mitarbeiter
E-Mail: m.gieseke@lzh.de

M. Sc. Florian Johannknecht
Institut für Produktentwicklung und Gerätebau (IPeG)
Wissenschaftlicher Mitarbeiter, Methodik der Produktentwicklung
E-Mail: johannknecht@ipeg.uni-hannover.de

M. Sc. Yousif Zghair
Institut für Produktentwicklung und Gerätebau (IPeG)
Wissenschaftlicher Mitarbeiter, Methodik der Produktentwicklung
E-Mail: zghair@ipeg.uni-hannover.de

Dipl.-Ing. (FH) Paul Christoph Gembarski
Institut für Produktentwicklung und Gerätebau (IPeG)
Wissenschaftlicher Mitarbeiter, Rechnergestützte Produktentwicklung
E-Mail: gembarski@ipeg.uni-hannover.de

Dipl.-Ing. Gerolf Kloppenburg
Institut für Produktentwicklung und Gerätebau (IPeG)
Wissenschaftlicher Mitarbeiter, Optomechatronik
E-Mail: kloppenburg@ipeg.uni-hannover.de

B. A. Robert Jan Wyszka
Institut für Produktentwicklung und Gerätebau (IPeG)
Produktdesigner, Integrierte Produktentstehung
E-Mail: wyszka@ipeg.uni-hannover.de

Dipl.-Ing. (FH) Ilka Zajons
Seminarentwicklung, Marketing und Vertrieb
LZH Laser Akademie GmbH
E-Mail: zajons@lzh-laser-akademie.de

Glossar

Additive Manufacturing (*AM*): Überbegriff für Fertigungsverfahren, bei denen das Werkstück element- oder schichtweise aufgebaut wird [VDI 3405].

Direct Manufacturing (*DM*): Additive Herstellung von Endprodukten [VDI 3405].

Rapid Prototyping (*RP*): Additive Herstellung von Bauteilen mit eingeschränkter Funktionalität, bei denen jedoch spezifische Merkmale ausreichend gut ausgeprägt sind [VDI 3405].

Rapid Tooling (*RT*): Anwendung der additiven Methode und Verfahren auf den Bau von Endprodukten, die als Werkzeuge, Formen oder Formeinsätze verwendet werden [VDI 3405].

Rapid Repair (*RR*): Anwendung der additiven Methode und Verfahren für die Substituierung, Modifizierung und Ergänzung bestehender Komponenten.

Pre-Prozess: Beschreibt alle erforderlichen Operationen, die erfolgen, bevor das Bauteil in der additiven Fertigungsanlage gefertigt werden kann [VDI 3405].

In-Prozess: Beschreibt die aus dem Pre-Prozess resultierenden Fertigungsoperationen, die von der additiven Fertigungsanlage ausgeführt werden [VDI 3405].

Post-Prozess: Beschreibt die an dem Bauteil durchgeführten Arbeitsschritte, die nach der Entnahme aus der Anlage durchgeführt werden müssen [VDI 3405].

Design for Additive Manufacturing (*DfAM*): Beschreibung alle notwendigen Arbeitsschritte zur Gestaltung eines Additive Manufacturing Bauteils.

Wirkflächenbasierte Gestaltung: Aufbau und Gestaltung von Additive Manufacturing Bauteilen durch verbinden der Wirkflächen eines Bauteils. (Engl.: Effective Area Based Design)

Topologieoptimierte Gestaltung: Aufbau und Gestaltung von Additive Manufacturing Bauteilen unter Zuhilfenahme rechnergestützter Topologieoptimierung. (Engl.: Topology Optimization Based Design)

Bionische Gestaltung: Aufbau und Gestaltung von Additive Manufacturing Bauteilen durch Integration bionischer Strukturen in den Volumenkörper. (Engl.: Bionic Based Design)

Gestaltungsrichtlinien: Grafisch aufbereiteter Informationsspeicher von Maschinen- und Prozessrestriktionen zur Gestaltung von Additive Manufacturing Bauteilen.

© Springer-Verlag Berlin Heidelberg 2016
R. Lachmayer et al. (Hrsg.), *3D-Druck beleuchtet*,
DOI 10.1007/978-3-662-49056-3

Gestaltungsziel: Beschreibt die Eigenschaften (Festigkeit, Steifigkeit, Gewicht, Kosten, Funktionsintegration) eines Bauteils, welche mit der Bauteilgestaltung verbessert werden sollen.

Gestaltparameter: Parameter, welche zur Gestaltung eines Bauteils verändert werden können. Materialien, Oberflächen und Geometrie. Geometrie setzt sich aus der Topologie, Form, Abmaße und Anzahl sowie den Toleranzen zusammen.

3D-Geometriemodell: Digitale Abbildung einer 3-dimensionalen Geometrie.

3D-Drahtmodell: Bestehend aus den Kanten eines 3D-Geometriemodells.

3D-Flächenmodell: Bestehend aus den Flächen eines 3D-Geometriemodells. Die Flächenbegrenzungen stehen nicht miteinander in Beziehung.

3D-Volumenmodell: Besteht aus dem Volumen eines 3D-Geometriemodells. Die Begrenzungsflächen bilden einen konsistenten Körper ab.

Standard Transformation Language: Neutrales Dateiformat von CAD-Modellen zum Transfer von digitalen Bauteilmodellen auf eine Additive Manufacturing Anlage.

Sachverzeichnis

© Springer-Verlag Berlin Heidelberg 2016
R. Lachmayer et al. (Hrsg.), *3D-Druck beleuchtet*,
DOI 10.1007/978-3-662-49056-3

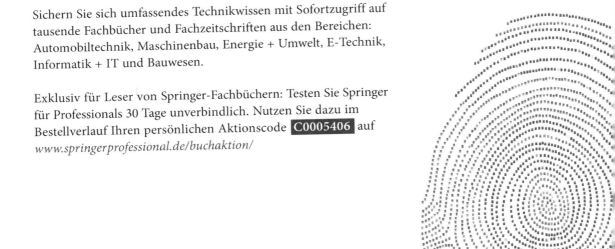